技術者のための

IoTの技術と応用

―「モノ」のインターネットのすべて―

瀬戸洋一 編著

慎祥揆 飛田博章 難波康晴 湯田晋也 著

はじめに

「モノのインターネット」（Internet of Things：IoT）は、一意に識別可能な「モノ」がインターネットおよびクラウドに接続され、情報交換することにより相互に制御する仕組みである。「Internet of Everything」や「Smart Everything」、「サービスのモノ化」ともいう。

「Internet of Things」という用語は、1999年にケビン アシュトン（Kevin Ashton）が、初めて使った用語であり、クラウドコンピュータなどに拡張しRFID Journal, 22 July 2009に、その概念が発表された。ここでいう「モノ」とは、例えば、スマートフォンのようにIPアドレスを持つものや、IPアドレスを持つセンサーや、IPアドレスを持ったRFIDのことである。従来から日本の日立建機、コマツや米国のGEで取り組みが行われていたが、ドイツ政府が推進する製造業の高度化を目指す戦略的プロジェクト「インダストリー4.0」（Industry 4.0）の政策、第四次産業革命などで取り上げられたことで、一躍注目された。

新しい技術分野も出現している。例えば、エッジコンピューティンやフォグコンピューティングという考えである。また、エコシステムが形成される本格的な分野の創出とも言われている。

現状のままIoT化が進むと、センサなどのデバイスから吸い上げられる多量のデータがクラウドコンピュータに集中し、データ処理が追いつかなくなってしまう。また、500億以上のデバイスが生み出すデータ量は膨大で、何の対策もしなければ、ネットワークのトラフィック爆発を引き起こしてしまうことも考えられる。そこで、フォグコンピュータが提唱されている。クラウドとデバイスの間にフォグ（霧）と呼ぶ分散処理環境を置くことで、大量のデータを事前にさばき、クラウドへの一極集中を防ぐ。クラウド（雲）よりもデバイスに近いためフォグ（霧）と名付けられている。

一方、エッジコンピューティングとは、フォグコンピューティングと同様の概念であり、ユーザーの近くにエッジサーバを分散させ、距離を短縮することで通信遅延を短縮する技術である。スマートフォンなどの端末側で行っていた処理をエッジサーバに分散させることで、高速なアプリケーション処理が可能になり、さらにリアルタイムなサービスや、サーバとの通信頻度・量が多いビッグデータ処理などにこれまで以上の効果が期待できる。

IoTを実現する上で、センサーのみではなく、これらのコンピュータアーキテクチャが重要である。ただし、その一方で、企業が現実にIoTに取り組もうとすると、IoTには初期投資やネットワークコストなどのランニングコストがかかるが、それに見合う収益をどう生み出していくか。現状、モノをネットワーク化するだけで収益を実際に出せるかというビジネス的な課題もある。単に自社製品・サービスをネットワーク化するだけでは、収益化は簡単ではない。このため、「エコシステム」というビジネス形態が重要である。エコシステムとは。多種多様なパートナーと連携、共存共栄しながら、自社だけでは獲得できない機能や市場を獲得していこうという考え方である。単にセンシングあるいはコンピューティング技術だけではなく、多くのステークホルダーが参加しデータを価値あるサービスに置き換えるエコシステムが重要となる。

以上の述べたようにIoTの切り口は非常に多様である。IoTのビジネス書は多数あるが、技術者が知識を仕入れるための適切な専門書は少ない。本書は、新しい技術、製品の展開を担う中堅技術者を対象に、IoT技術とその応用事例を紹介する。

本書の構成は、1章でIoTの基礎知識、2章でIoTシステムを支えるアーキテクチャ、3章でIoTを実現する具体的技術、4章でビッグデータ解析を中心としたデータ分析技術、5章でIoTにおけるセキュリティの課題と対応、6章でIoTの応用事例、7章で標準化の動向を紹介する。

2016年6月

執筆者代表

瀬戸洋一

技術者のためのIoTの技術と応用
―「モノ」のインターネットのすべて―

目次

1．「モノ」のインターネットIoT

1．「モノ」のインターネット IoT

1.1　IoT とは

IT 分野で注目されているのが、IoT（Internet of Things）である。Internet of Things という言葉は、「モノのインターネット」と翻訳され、一意に識別可能な「モノ」がインターネットに接続され情報交換する仕組みである。「Internet of Everything」や「Smart Everything」、「サービスのモノ化」とも言われる [1] [2] [3]。

IoT という用語は、ケビン アシュトン（Kevin Ashton）が、RFID Journal, 22 July 2009 で、初めて使った用語である。ここでいう「モノ」とは、スマートフォンのように IP アドレスを持つものや、IP アドレスを持つセンサから検知可能な RFID タグを付けた商品や、IP アドレスを持った機器に格納されたコンテンツのことである。従来から日本の日立建機、コマツや米国の GE で取り組みが行われていたが、ドイツ政府が推進する製造業の高度化を目指す戦略的プロジェクト「インダストリー 4.0」（Industry 4.0）の政策、第四次産業革命」などで取り上げられたことで、一躍注目された [4] [5] [6]。

ケビン アシュトンは MIT 大学などが中心になって設立した、RFID（Radio Frequency IDentifier）の標準コード体系である EPC（Electronic Product Code）を推進する団体組織の Auto-ID センターの創立メンバーである。当時「モノへ識別可能なデバイスを埋め込む」代表例が RFID であり、常に全体の状態を更新し、人員や物資を効率的に管理するシステムの構築を目的とした。RFID は普及時期で、あらゆる「モノ」に RFID タグが取り付けられ、世界中のあらゆる「モノ」が一意に識別可能になると期待された。ただし、実現のための技術がネックとなり、限定した機能しか実現できなかった [7] [8] [9]。

ただし、ケビン アシュトンの発表以前にも同様の考えがあった。物や人、様々な場所に埋め込まれたセンサの情報を取得し、実空間指向のサービスに活かすという発想は、東京大学の坂村健教授が 1984 年に発足した TRON プロジェクトの「どこでもコンピュータ」、その後、1988 年パロアルト研究所 (Xerox PARC) のマークワイザー（Mark Weiser）の「ユビキタスコンピューティング（Ubiquitous computing)」やカリフォルニア大学バークレー校などが中心になって研究していた「センサーネットワーク」の概念などが機器をネットにつなぐという発想を持ち出してあった[10][11]。

1990年代には「環境知能（Ambient Intelligence)」の概念で説明され、1999年に初めてIoTの用語が使われ、2003年は「Pervasive Computing」、2004年は「Everywhere」、2010年には特定会社のマーケティング用語であるが、「Internet of Everything」というように用語も広がった[12]。

産業界では「M2M（Machine to Machine)」が以前から存在し、機械をネットで結び、生産効率の向上などを目指している[5]。M2Mは、機械同士がつながるシステムであり、IoTが人間からの情報発信も想定しているのに対し、M2Mは人間が介在せずに機械同士が通信するものを言う。IoTがモノとネットを使ったサービス、ビッグデータの解析による新たなサービスの提供を目指すことに比べ、M2Mは工場やセンサーネットワークでの情報取得などがメインである。いわゆる、電気メーターにセンサーを取り組んだスマートグリッドが構築例である[5][12][13]。

他に幅広く使われる「Web of Things」は、日本語では「モノのWeb」となる。ソフトウェアアーキテクチャにフォーカスを合わせ、IoTやM2Mの概念より範囲が狭い。それに比べ、Internet of Everythingは家電や電子機器だけでなく、ヘルスケア、スマートホーム、スマートカーなど多様な分野で物事をネットワークで結び、情報を共有するIoTでもう一歩もっと発展した形で人とデータ、モバイル、クラウド、モノなどを連結する環境を目指している[14]。

その後2010年代に入ってからは、ドイツ政府が推進する製造業の高度化を目指す戦略的プロジェクトである「インダストリー4.0」が産業界の注目を集めている。インダストリー4.0は情報技術を駆使した製造業の革新を目指している。

図1-1に示すように、第一次産業革命では水・蒸気を動力源とした機械を使った生産の事を指し、第二次産業革命では電気を使い機械を動かして分業の仕組みを取り入れたことにより大量生産が可能となり、そして第三次産業革命はコンピューターエレクトロニクスを使ったオートメーションが実現された。インダストリー4.0はそれに続く「第四次産業革命」という意味合いで名付けられた[15][16]。

製造業における業務を高度にデジタル化する事により、製造業の様相を根本的に変え、マスカスタマイゼーションを可能とし、製造コストを大幅に削減することを主眼に置いた取り組みである。全ての機器がインターネットによってつながり、またビッグデータを駆使しながら、機械同士が連携して動く事はもとより、機械と人とが連携して動くことにより、製造現場が最適化されると想定している。

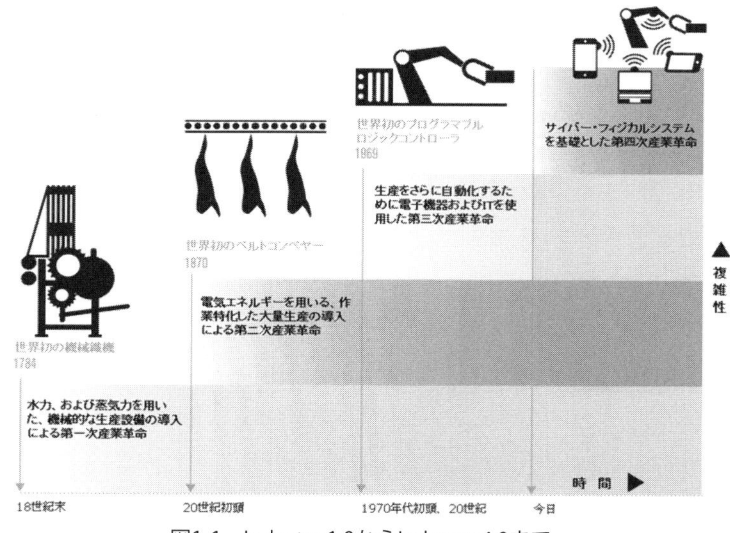

図1-1　Industry 1.0からIndustry 4.0まで

1.2　広がる IoT

単にネットにつないだデバイス（装置）に止まらず、ウェアラブルデバイスとして電話、ヘルスやフィットネス、他の IoT デバイスのコントローラまでその領域を広げている Apple Watch は代表的な IoT デバイスである。

図1-2 に示めすように、ネットワークと「モノ」をつないだ最初のデバイス（装置）は 1982 年度のコカコーラ自動販売機である [17]。カーネギーメロン大学のコンピュータ科学科の学生らは、コカコーラ自動販売機にセンサーを着けて、センサーからの情報を初期のインターネットである ARPANET から取得できるシステ

ムを構築した。センサーからの情報をネットから収集できて、自動販売機まで行かなくても在庫の状態が把握できた[12]。

図1-2　初のネットデバイスと言われるInternet Coke Machine

1990年には、John Romkeyがインターネットを通じて、電源のオンオフを可能にしたトースト機[17]、1991年にはケンブリッジ大学で他の場所にあるコーヒーポットを世界初にウェブカメラで取るプロジェクトであった「XCoffee」がある[18]。大学の研究レベルでの「モノ」とネットをつなぐ、アカデミックな世界から、現在は一般家庭にまでIoTデバイスは展開されている。

図1-3に示すように、2005年から2015年までの「internet of things」と「internet of everything」、「industry 4.0」の関心度の変化を見ると、IoTに関するキーワードの注目度が急上昇を始めたのは2014年ごろである[19]。今日、IoTが注目を集めている理由は、以下のことが言われている。

（1）IT環境の整備

最近になって、小型端末やセンサー類が従来に比べて安価に製造できる環境が

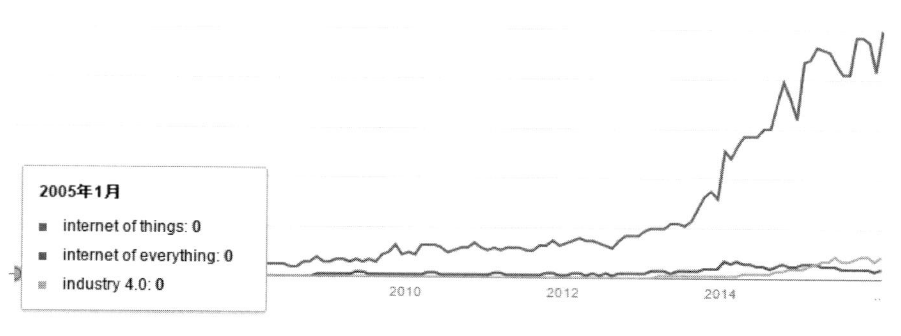

図1-3　IoT・IoE・Industry4.0のトレンド

整い、また、Wi-FiやBluetoothなどの近距離通信時技術によって、周辺デバイス連携が著しく容易になったネットワーク環境の整備、ビッグデータ（Big Data)、クラウドコンピューティング（Cloud Computing）によるデータ収集・分析技術、スマートフォンで代表されるモバイル端末の普及など、IoTサービスを実現するインフラが整った。

(2) 企業の取り組みが活発

シリコンバレーを中心にした具体的な商品によるベンチャー企業活動やIoTを次世代成長動力として受け入れた国家規模の取り組みが登場し始めた。また、ベンチャー企業がクラウドファンディングで成功により、さらに開発者を集め、新たな商品を誕生させるきっかけになっている。

(3) 産業での本格的な取り組み

M2M、ドイツのIndustry 4.0に代表されるSmart Factoryなど、製造業などのBtoB分野に多くの投資と注目が集まるようになった[20]。

以上の背景により、多くのビジネス領域において、IoTを用いた新ビジネスをマーケットとして認識し始めた。

ハーバードビジネススクール教授のミッシェル ポーター（Michael Porter）は、IoTがPC、インターネットとともに、第3のデジタル革命を触発しており、技術を越えて企業の経営戦略まで影響を与えていると言及した[21]。

OECDなど国際機関、グローバル市場調査を実施するコンサルティング会社は、

IoTの成長に対する肯定的な展望を提示している。**図1-4**に示すように、OECDのDigital Economy Outlook(2015年7月)によると、2022年OECD 34カ国の平均的な家庭が保有するIoT機器は、コネクテッドカー(Connected car)2台、ホーム・オートメーション・センサー4個などをはじめ、計50個あまりに達すると見込まれている[22]。

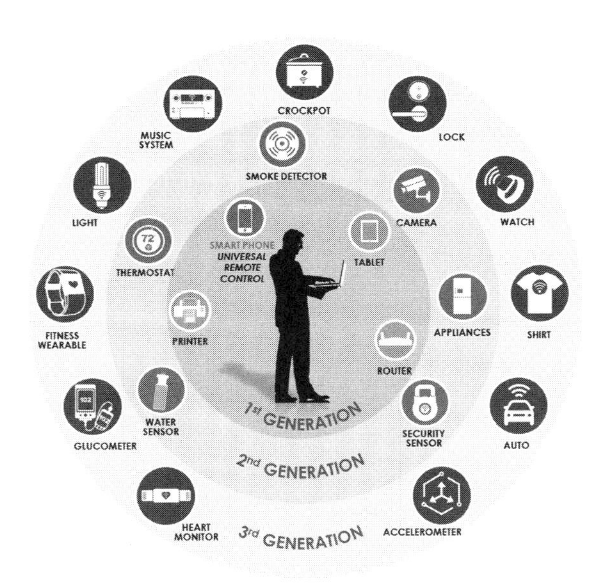

図1-4　人に繋がるIoTデバイス

また、**図1-5**に示すように、Ciscoの試算によれば2020年には全世界で約500億台のデバイスがインターネットと繋がり、その経済効果は14兆ドルとも言われている[23]。

Gartnerは、**図1-6**に示すように、2011年に自社の「Hype Cycle for Emerging Technologies」に「Internet of Things」を分析項目としてリストアップしている。2015年7月の資料によると、IoTは期待の頂点に位置しており、5年～10年以内に安定期に入るとみている。IoTはスマートフォンを乗り越える新たなデジタルエコシステムの役割を果たし、新しいICTのパラダイムとして浮上するもので

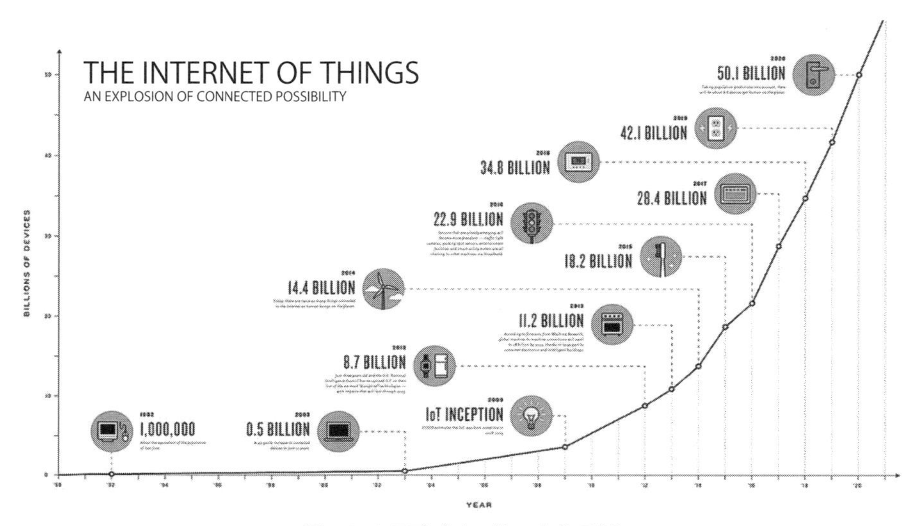

図1-5　IoTデバイス数の変化予測

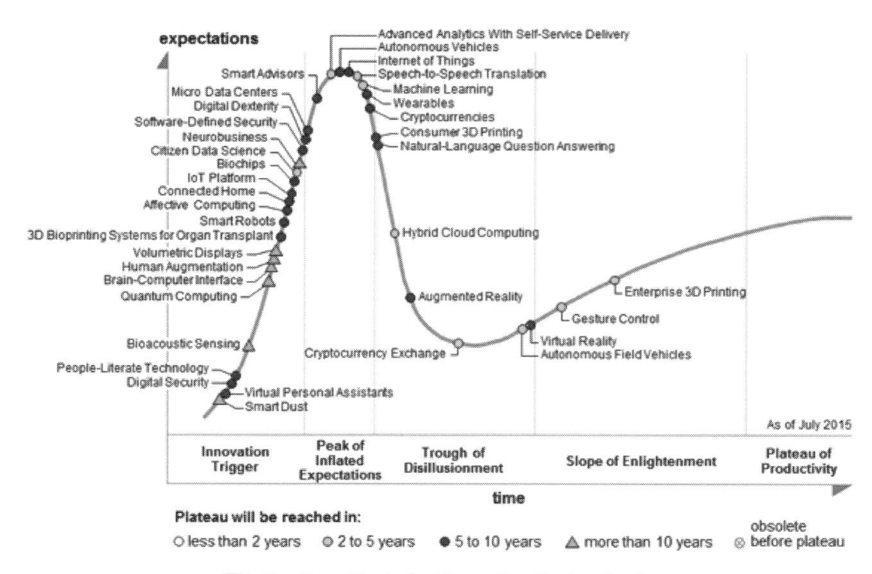

図1-6　Hype Cycle for Emerging Technologies

あり、国民生活安全など、多様な経済的、社会的便益や価値を提供すると予測している[24]。

1.3 IoTへの企業と国の取り組み

図1-7 に示すように、市場調査機関であるIoT Analyticsが全世界2000社以上の企業のグローバルIoT影響力順位を調査評価した2015年の報告書によると、1位はIntel、2位はIBM、3位はMicrosoftだった。続き、Google、Cisco、HP、Apple、SAP、Samsung電子、Oracleなどがトップ10リストに名を連ねた。20位圏内にアジア企業ではLG電子が11位、日本のNECが16位、中国のファーウェイ(HUAWEI)が18位に名を連ねた。IoT Analyticsは「Samsung電子に続き、LGとNEC、ファーウェイなど、4社がトップ20位にランクされ、アジア企業のIoT産業への影響力が大きくなった」と説明した[25]。

IoTの分野では、大手企業だけではなく、クラウドファンディングを通じて資金を集めたベンチャー企業の躍進が特徴である。これらのベンチャー企業はユー

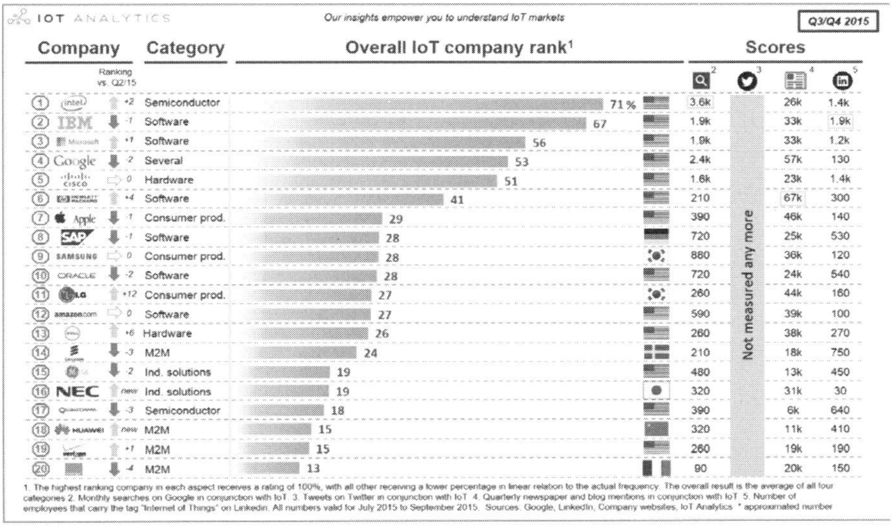

IOT ANALYTICS　Our insights empower you to understand IoT markets　Q3/Q4 2015

Company	Ranking vs. Q2/15	Category	Overall IoT company rank[1]	Scores: Search[2]	Twitter[3]	News[4]	LinkedIn[5]
① intel	+2	Semiconductor	71 %	3.6k	Not measured any more	26k	1.4k
② IBM	-1	Software	67	1.9k		33k	1.9k
③ Microsoft	+1	Software	56	1.9k		33k	1.2k
④ Google	-2	Several	53	2.4k		57k	130
⑤ cisco	0	Hardware	51	1.6k		23k	1.4k
⑥	+4	Software	41	210		67k	300
⑦ Apple	-1	Consumer prod.	29	390		46k	140
⑧ SAP	-1	Software	28	720		25k	530
⑨ SAMSUNG	0	Consumer prod.	28	880		36k	120
⑩ ORACLE	-2	Software	28	720		24k	540
⑪ LG	+12	Consumer prod.	27	260		44k	160
⑫ amazon.com	0	Software	27	590		39k	100
⑬	+6	Hardware	26	260		38k	270
⑭	-3	M2M	24	210		18k	750
⑮	-2	Ind. solutions	19	480		13k	450
⑯ NEC	new	Ind. solutions	19	320		31k	30
⑰	-3	Semiconductor	18	390		6k	640
⑱ HUAWEI	new	M2M	15	320		11k	410
⑲	+1	M2M	15	260		19k	190
⑳	-4	M2M	13	90		20k	150

1. The highest ranking company in each aspect receives a rating of 100%, with all other receiving a lower percentage in linear relation to the actual frequency. The overall result is the average of all four categories 2. Monthly searches on Google in conjunction with IoT. 3. Tweets on Twitter in conjunction with IoT. 4. Quarterly newspaper and blog mentions in conjunction with IoT. 5. Number of employees that carry the tag "Internet of Things" on LinkedIn. All numbers valid for July 2015 to September 2015. Sources: Google, LinkedIn, Company websites, IoT Analytics * approximated number

図1-7　IoT関連企業のランキング

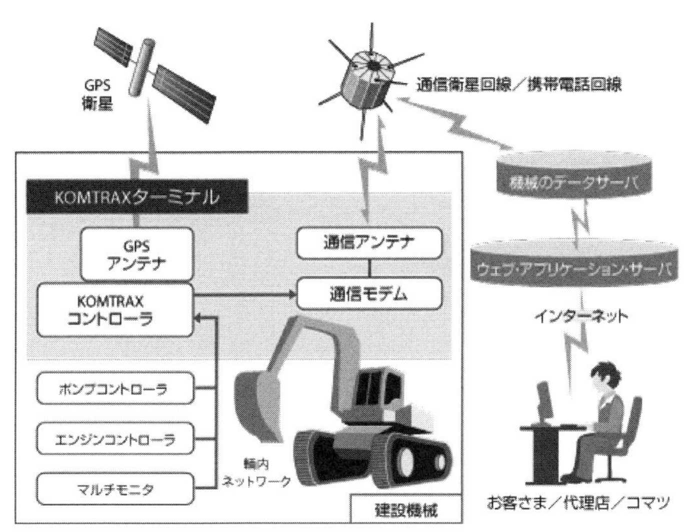

図1-8　KOMTRAXの仕組み

ザー・インターフェースおよびデザインを重視した「見た目がかっこよく、かつ使いやすい」商品を目指していることが特徴である。

日本の先行している IoT の事例としては「KOMTRAX」が幅広く知られている[26]。「KOMTRAX」はコマツの建設機械の情報を遠隔で確認するためのシステムである。コマツでは 2001 年より標準装備化を進め、現在、約 62,000 台（2011 年 4 月現在）の KOMTRAX 装備車両が国内で稼働している。事例の詳細は 6 章で紹介する。

スマートファクトリ分野では、三菱電機の e-F@ctory Alliance が、農業関連では、NEC の ICT の活用により農作物の収穫量増加や栽培効率化などを実現する農業 ICT ソリューションなどが日本企業の IoT 例として挙げられる[27]。

IoT により「自社の製品やサービスそのものが変わる」と回答した企業は 52.3% と、半数を超え、多くの企業が IoT によるインパクトを感じているいう報告がある[28]。

各国の政府も IoT の活用法を考えている。具体的には、ドイツでは政府や企業が一体となって立ち上げた、「新・産業革命」とも呼ばれる「インダストリ

-4.0」、米国ではホワイトハウス直下で、「スマートアメリカチャレンジ(Smart America Challenge)」というIoT政策に取り組み、主に、スマートホーム、環境、輸送、緊急サービス、ヘルスケア、セキュリティ、省エネ、製造業を対象領域としている。イギリスは2014年3月、4500万ポンド(83億円)をIoT関連の研究領域に追加で投じると発表した。EUは、2009年の「第三次EU電力自由化指令」で、2020年までに全需要家の少なくても80%に対してスマートメーターを導入するよう規定されている。

日本では、「日本再興戦略」改訂2015における重要施策の一つとして、IoTへの取り組みを掲げ、技術開発、人材育成等の支援施策を挙げており、今後IoT政策の取り組みの進展が期待される。他に総務省がデータ活用による事業化を、「ビッグデータ」のキーワードでIoTに取り組むように通信&IT業界へ推奨している[29]。

IoTによって我々の生活がどのように変わるかは現時点ではあまり実感できないし、IoTが一般化された未来の我々の生活がどう変わるか現在の推測だけで100%正確に知ることはできない。しかし、現在IoTが世の中の変化をリードしているのは間違いない。

参考文献

[1] 三菱総合研究所:IoTまるわかり、日経文庫、2015.9
[2] 森川博:データ駆動型経済、情報処理学会2015連続セミナー第5回、2015.11.24
[3] 齋藤ウィリアム浩幸:IoTは日本企業への警告である、ダイヤモンド社、2015.11
[4] IoTの用語について:
http://www.rfidjournal.com/articles/view?4986
[5] 特集 技術で理解するIoT、pp.25-43, 日経ネットワーク、2015.1
[6] 尾木 蔵人:決定版 インダストリー4.0 — 第4次産業革命の全貌、東洋経済新報社、2015.
[7] RFID トレンドブック、流通研究社、2005.3
[8] 一般社団法人自動認識システム協会:よくわかるRFID(改訂2版) — 電子タグのすべて —、オーム社、2014.6
[9] 株式会社NTTデータ(外):絵で見てわかるIoT / センサの仕組みと活用、翔泳社、2015.3
[10] 坂村 健:角川インターネット講座14 コンピューターがネットと出会ったら、KADOKAWA

/ 角川学芸出版、2015.5
[11] パーソナルメディア株式会社、坂村健：実践TRON組込みプログラミング— T-Kernelと Teaboardで学ぶシステム構築の実際、パーソナルメディア、2008.12
[12] 稲田 修一（監修）：インプレス標準教科書シリーズ M2M/IoT教科書、インプレス、2015.5
[13] 稲田 修一(外):M2Mビジネスイノベーションの最新動向2014、インプレスビジネスメディア、2014.6
[14] シスコシステムズ合同会社 IoTインキュベーションラボ：Internet of Everythingの衝撃、インプレスR&D、2013.12
[15] まるわかりインダストリー4.0 第4次産業革命、日経BP社、2015.4
[16] 産学官連携ジャーナル、2014年10月号
[17] Internet Coke Machine：
https://www.cs.cmu.edu/~coke/
[18] XCoffee：
http://knowyourmeme.com/memes/trojan-room-coffee-pot
[19] Google Trends：https://www.google.com/trends/explore#q=internet%20of%20things%2C%20internet%20of%20everything%2C%20industry%204.0&date=1%2F2005%20133m&cmpt=q&tz=Etc%2FGMT-9
[20] 清威人：スマート・ファクトリー、英治出版、2010.8
[21] How Smart, Connected Products Are Transforming Competition、Harvard Business Review、2015.10
[22] OECD Digital Economy Outlook 2015、OECD、2015.7
[23] The Internet of Things How the Next Evolution of the Internet Is Changing Everything、CISCO White Paper 2011.4
[24] Gartner's 2015 Hype Cycle for Emerging Technologies、Gartner Newsroom 2015.8
[25] IoT Company Ranking | Q3/Q4 2015、IoT Analytics
[26] KOMTRAX：
http://www.komatsu-kenki.co.jp/service/product/komtrax/
[27] e-F@ctory Alliance：
http://www.mitsubishielectric.co.jp/fa/sols/alliance/
[28] 日本におけるモノのインターネット（IoT）に関する調査結果を発表、ガートナー ジャパン、2015.5
[29]『日本再興戦略』改訂2015 － 未来への投資・生産性革命 －：https://www.kantei.go.jp/jp/singi/keizaisaisei/

Webサイトは2016年2月確認

2. IoTシステムを支えるアーキテクチャ

2. IoT システムを支えるアーキテクチャ

2.1 アーキテクチャの概要

本章ではIoTを構成する各種アーキテクチャの概要について紹介する。インターネットに様々なモノがつながることにより、新しいサービスやアプリケーションが提供される[1]-[4]。モノをインターネットに繋げることで新たな価値を生み出すIoTのアーキテクチャを**図2-1**に示す。

IoTのアーキテクチャは、デバイス、ゲートウェイ、ネットワークおよび、サーバの4つに分けられる。まず、デバイスはIoTにおけるモノ（Thing）に相当する。しかし、デバイスだけでは単なるモノのままで、インターネットに繋げる必要がある。このデバイスをネットワークに繋げるために必要なのがゲートウェイである。ゲートウェイによってPCやスマートフォンのようにインターネットに繋がり、ネットワークを介してデバイスから得られた位置や画像などのデータが送受信される。サーバは送信されてきたデータの処理や蓄積の用途に用いられる。例えば、スマートフォンやPCからデータサーバにアクセスしデータを使ったサービスを提供する用途もあれば、モノを賢くするためにサーバで処理されたデータをフィードバックする用途もある。サーバで扱うデータの量が多くなればビッグデータとなり、大量の情報を効果的に処理するためにデータベースが必要になり、有効な情報を抽出するためにはサーバで統計処理が必要になる。

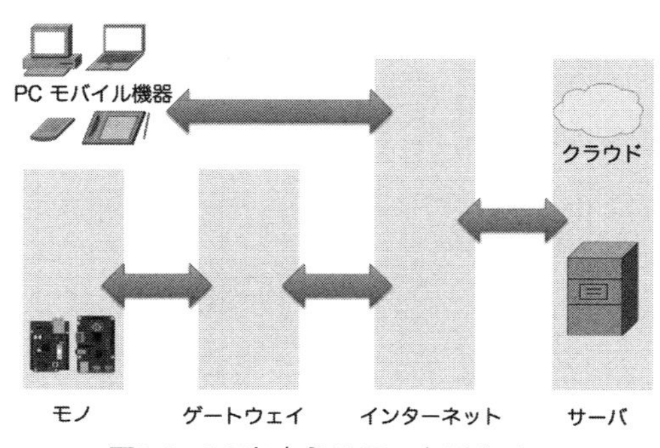

図2-1 IoTを支えるアーキテクチャ

最初にモノを実現するために、近年広く使われている各種ガジェット（組み込み基盤）について概要を述べる。次に、ネットワークで通信するために、IoT で使われる各種無線プロトコルについて、最後にサーバの役割について述べる。

IoT で対象とするモノはネットワークに繋がるモノ全般を対象としている。例えば、電話、家電、車、工作機械、飛行機、衛星や、さらには人もモノと同様の対象となる。モノはそれぞれ形状、用途も扱うデータも異なっている。カイワレ大根をインターネット越しに光、温度や養分の状態を管理しながら栽培することや、ゴキブリを電気刺激で遠隔コントロールすることも IoT とみなす。しかし、実際にモノに付加価値を付けているのはデータであり、データが介在して初めて IoT と言える。

本章で対象としているのはガジェット * を使い実現する IoT であり、2 章と 3 章で扱うのは手軽に入手できる組み込み基盤やオープンソースを使い、手軽にプロトタイピングできるモノが対象である。IoT で必要な要素を実際に体験することや、自分のアイデアやデザインを実現することにより IoT をより身近に感じることができる。

---

* ガジェット：特別な機能や実用目的を備えている道具で、通常の技術より変わっていたり独創的なデザインがなされたりする傾向にあるものを指す事が多い。単体で動作する機器のことを指す事が多いため、単体での動作が出来ないパソコンの周辺機器などは含めないが、USB メモリーなど持ち歩きが出来るサイズのものはガジェットに含まれることが多い (Wikipedia)。

2.2 ガジェット（組み込み基盤）

2.2.1 PC からガジェットへ

図2-2 に示すようにコンピュータの形状はここ数年で大きな変化を遂げた [1]。その理由として、ナノテクノロジーの発展による部品の小型化とインターネットの普及が大きな要因の 1 つである。

Windows 95 の登場により、手軽にパソコンをインターネットに接続することが可能になり様々なアプリケーションやサービスが実現され、インターネットユーザーが増えるきっかけを与えた。その後、携帯電話やスマートフォンの登場により、携帯端末を介してインターネットに接続でき、ユーザは場所や時間を問わずにインターネットにアクセスできるようになった。特に、i-modeに代表される携帯向けサービスによりインターネットユーザーがさらに増えた。そして近年、小型化でさらに低消費電力の各種ガジェットの登場により、様々な家電をはじめモノがインターネットに繋っている。

今後、IoTで対象となるデバイスの数はさらに増加し、小型で軽量になることが予想される。そして、近い将来、パソコン、スマホや、各種ガジェットといった区別もなくなり、コンピュータのウェアラブル化やユビキタス化が進むことで、身体や環境の一部として溶け込むコンピュータがさらに発展していくことが考えられる。

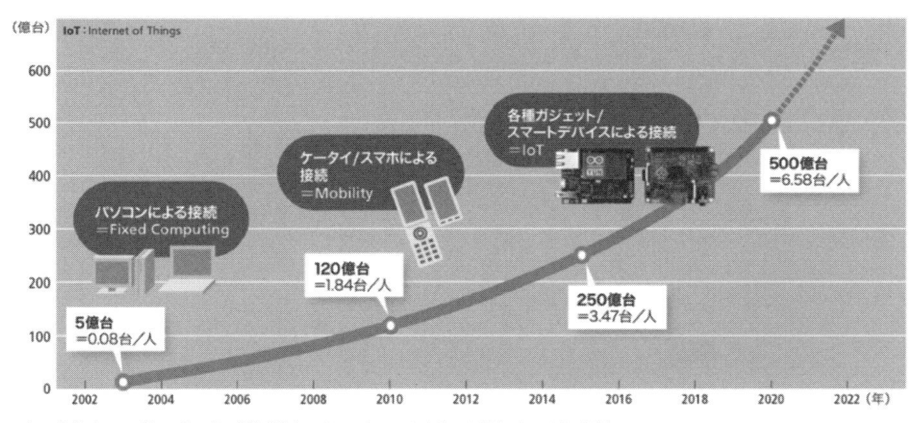

Evans, D., The Internet of Everything, Cisco IBSG, 2012 (https://www.cisco.com/web/about/ac79/docs/innov/IoE.pdf) より

図2-2　コンピュータの推移

ガジェットは、プログラム可能な入出力ピンを備えていて、ユーザはそれぞれの入出力ピンにセンサーを組み合わせ、動作をプログラミングできる。ガジェット工作はこれまでも行われてきたが、PICやAVRのマイコンにマシン語やC言語でプログラムを作成し書き込んでいた。マシン語やC言語を使ったプログラムは

初心者にとっては非常に敷居が高く、一部の技術者の利用に限られていた。

それに対し、本章で紹介するシングルボードコンピュータ*やマイコンボードであるRaspberry PiやArduinoは、初心者やデザイナーでも手軽にセンサーを動作させることでIoT環境を実現できる点に特徴がある[5][6]。従って、現在広く使われているマイコン基板や小型コンピュータは、PCのように複雑な処理には向かないが、小型形状や低消費電力など多くの利点があり、IoTのモノを実現するハードウェアを容易に実現できる。

---

*シングルボードコンピュータ：　物自体としてはワンボードマイコンとほとんど同じものであるが、ワンボードマイコンがもっぱら評価用や組込みシステム開発用であるのに対し、もっぱらメインストリームのパソコンと比較して低めの性能相応の手頃な廉価でありながら、主として Linux を採用し、軽量プログラミング言語が利用でき、グラフィカルユーザインタフェースが使え、ウェブブラウザなどが動作したりといった日常的なパソコンの用途に実用的に使えると同時に、GPIO などを備え高性能・高機能なワンボードマイコンとしての利用も可能である、といった商品カテゴリのコンピュータである (wikipedia)。

現在市販されているガジェットを**図2-3**に示す。既に多くの組み込み基盤が各種ベンダーからリリースされ、ネットなどを通じて世界中のユーザーが容易に入

図2-3　代表的な組み込み基盤

手することができる。バージョンアップのスピードも非常に早く、新しい基盤が次々と登場している。

本章で紹介するRaspberry PiやArduinoは入手のしやすさと扱いやすさから、研究、教育などで、よく使われている。その大きさは手のひらサイズから、コインサイズまで様々で、さらにはコインサイズよりも小さい基盤も登場している。自由度の高さから、IoTの用途以外にHCI (Human Computer Interaction) やRoboticsの研究でもプロトタイプシステムの実装にも使われる。

Raspberry PiとArduinoは両者とも組み込み基盤として分類をされているが、アーキテクチャにいくつかの違いがある。現在広く使われる組み込み基盤は、シングルコンピュータボードとマイコンボードに別けられる。例えば、Raspberry PiやBeagle Boneはシングルコンピュータボードに該当し、Arduinoはマイコンボードに該当する[13][14]。

シングルコンピュータボードはOSをインストールし、OS上で動くプログラムを動作させる。従って、使用に際してOSのインストールをする必要がある。ただし、OSのインストール自体に難しさはない。一方で、マイコンボードはマイコンにプログラムを書き込みセンサーやモーターを動作させる。

2.2.2 Raspberry Piのアーキテクチャ

図2-4に示すRaspberry Pi（通称ラズパイ）は、シングルコンピュータボードである。基盤には各種ポートや端子が含まれる。例えば、Raspberry Pi（Raspberry

図2-4　Raspberry Pi

Pi 1 Model B）の場合、ディスプレイを接続するためのHDMIポート、有線ネットワークのLANポート、複数のUSBポートに加え、ビデオや音声の入力するアナログ端子が備わっている。

Raspberry Piはシングルコンピュータボードであり、PCのようにモニター、キーボードや、マウスを接続してPCのように使うことができる。また、基盤にはSDカードスロットがあり、ユーザはSDカードにOSをインストールしカードスロットに差し込むことでOSを起動させることができる。従って、SDカードを抜き差しするだけで様々なOSを使い分けることも可能である。

OSイメージはコピー*できるので、データのバックアップやRaspberry Piの開発環境自体の複製も容易に行える。さらに、他人の作業環境をコピーして共有することができる。複数のUSBポートは拡張に便利で、各種操作を行うためにキーボードやマウスを繋げる用途に加え、通信のための無線アダプタを使うためにも使用できる。

アーキテクチャはコンピュータボードのバージョンにより変化している。処理速度などの性能の向上に加え、Raspberry Piもバージョンにより、USB端子の数や使用するSDカードがmicro SDカードも利用できるようになっている。

---

* OSイメージのコピー：OSのイメージバックアップあるいはコピーとは、Windowsシステムやハードディスク（パーティション）を丸ごとバックアップすることをいう。作成されたバックアップファイルがひとつの大きなファイル（イメージファイル）にまとめられているので、イメージバックアップといわれる。イメージファイルというのは、複数のファイルやフォルダを1つのイメージとしてまとめたものである。

2.2.3 Arduinoのアーキテクチャ

Arduinoは、マイコンボードである。Arduinoは大きさが異なるいくつかのバリエーションがあり、入出力ピンの数や電源に違いがある。

図2-5はArduino UNOの使用例と本体で、構成が分かりやすく一般的に使われている。まず、USBポートは外部PCを接続しプログラムを書き込む用途と電源供給を同時に行う。また、電源ポートは外部から電源を供給する用途に使われ、

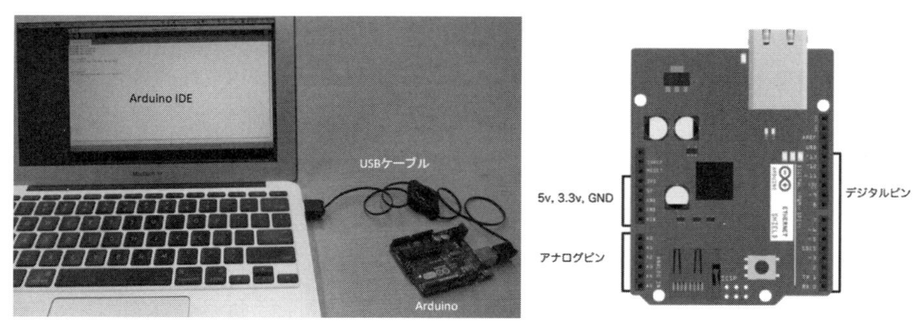

図2-5　Arduino

外部電源を使うことができる。例えば、サーボモータを複数使う場合には電源ポートを使い外部電源を供給する。中心にはAVRマイコンが配置されている。入出力ピンはAVRに接続されているので、ユーザーは入出力ピンを介してAVRを扱うことができる。また、RX (Reception Pin) とTX(Transmission Pin) は通信に使われ、ZigBeeやBluetoothなど通信モジュールを接続する際に使う。Arduino UNOに比べて小さいArduino miniやnanoではピンの数が少なくなる。

2.3　ネットワーク

表2-1　にRaspberry PiとArduinoのアーキテクチャの比較を示す。

Raspberry PiやArduinoにセンサーを接続することでデータを取得することが

表2-1　Raspberry PiとArduinoの比較

	Raspberry Pi 2 ModelB	Arduino Due
CPU Speed	900MHz ARM Cortex-A	84MHz
GPU	Broardcom Video Core IV Media Co-Processor	None
RAM	1GB	96KB
Storage	SD card	512KB
OS	Raspbian,Windows他	Boot loader
Connections	GPIP 40	Pins 12 PWM outputs 4 UARTs SPI bus

できるが、どちらもネットワークを介してデータの送受信を行えない。デバイスで得た情報をネットワークに送るためには、デバイスとゲートウェイ間で動作するアーキテクチャと、ゲートウェイとインターネット間で動作するアーキテクチャが必要になる。デバイスとゲートウェイ間は、各種無線モジュール（ZigBee、WiFi や BlueTooth）を使うことで繋ぐことができ独自に運用できる。一方で、ゲートウェイとインターネット間は携帯電話の回線等（3G、4G や WiMax）で独自に設置することはできない[25][26]。よって、既存のサービスを利用することになる。また、アプリケーションやサービスを実現するプログラムを考える際には、通信技術を使いデータの送受信を行うためにそれぞれの技術のプロトコルを考える必要がある。

2.3.1　デバイスとゲートウェイ間

Bluetooth、ZigBee や、NFC(Near Field Communication) が、デバイスとゲートウェイの間をつなぐために使われる[20][21]。Bluetooth による通信の身近な例として、キーボードや、マウスや、ヘッドフォン、さらには自撮り棒などがある。数 m 程度の極めて短い距離を対象とし、Bluetooth 規格 1.0 から使われているクラシック Bluetooth と低電力の Bluetooth Low Energy（iOS では iBeacon と呼ばれている）がある。

ZigBee は、家電などに組み込むことを考え、省電力で動作し長距離で通信を可能にする無線規格であり、2.4GHz 帯の電波を使って通信する。ZigBee は、Arduino では古くから使われている無線モジュールで、Arduino が登場した当初は、本体への接続を容易にするシールドもあったことから多くのユーザに使われていた。また、ZigBee は最大 65536 個の端末を無線でつなぐことができ、センサーネットワークの構築にも使われている。

一方で、NFC の通信距離は数 m と通信距離が短いが、接触を検知する用途では効果的に作用する。代表的な例として、自動改札で使われる Suica カードには RFID タグが搭載されていて、改札の RFID リーダによりカードが認識される。家庭、学校や、会社で一般に使われるのが WiFi で、802.11b と 802.11g が最も利用される。2.4GHz 帯の電波を利用し、通信距離は数十～数百 m である。USB 接続ができるWiFiアダプタも比較的安価で入手できるため、携帯型のゲーム機をネットワークに接続する用途にも使われる。一方で、携帯端末でWiFiを使う場合、長時間動作させる場合には大容量のバッテリーを必要とする。通信のプログラムを工夫することで対処できるが、長時間動作させる場合には有線で安定的に電源供給できる環境が望ましい。

2.3.2　ゲートウェイとインターネット間

広域ネットワークとして使われるWiMAX(Worldwide Interoperability for Microwave Access)は、IEEE 802.15でマイクロ波を使って無線接続を行う方式である。携帯電話など移動体通信として使われる。WiMAXにより日本中どこでもインターネットを使うことができる。

2.3.3　データ送受信のためのプロトコル

IoTのインターネット通信で使われるプロトコルとして、アプリケーション層で動作するHTTP、UPnP、CoAP 、MQTTや、XMPPなどがある[22] - [24]。デバイスから得られたデータをインターネットにより送信する際に重要になるプロトコルを紹介する。

HTTP（Hypertext Transfer Protocol）は[7]、通常PCでWebページを閲覧する際に利用されるプロトコルの1つである。機器同士の通信であるM2M（Machine to Machine）*においても使われる。**図2-6**に示すように、HTTPはTCPの80番ポートをデフォルトで使うが、HTTPは情報を暗号化しないプロトコルであり、クレジットカード情報を扱う際などには暗号化機能をもつHTTPSが使用される。

＊ M2M：M2M （エム・ツー・エム：Machine to Machine）とは、個別に稼働している機器同士をネットワークでつなぎ、これらが相互でやりとりできるようにして、各々の機器で生成

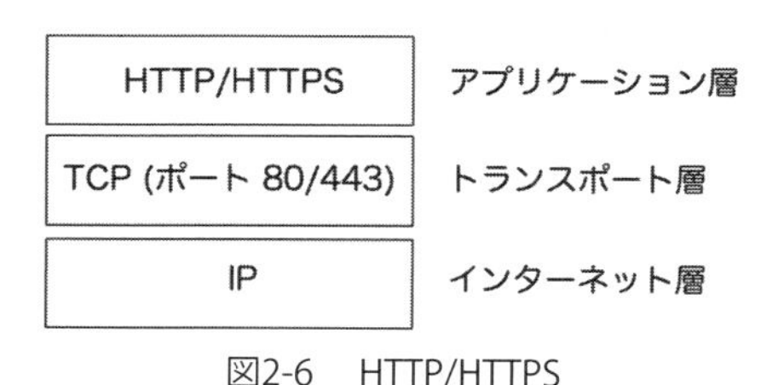

図2-6　HTTP/HTTPS

されたデータをリアルタイムで統合、制御し、活用することができるシステムを意味する。IoTがインターネットの特性であるオープン性を活かすことを指向するものであるのに対して、M2M は必ずしもオープンであることを必須条件とせず、むしろクローズな環境で活用される。(出典：http://www.shinanoee.co.jp/activities_m2m_01.html)。

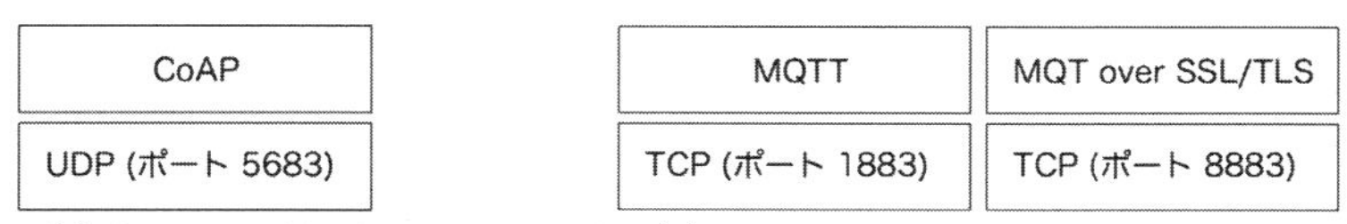

図2-7　データ通信のためのプロトコル

図2-7 の（a）CoAP (Constrained Application Protocol) は、M2M で使われるプロトコルである。 ヘッダーサイズが 4 バイトで HTTP よりも簡易なプロトコルである。HTTP ではテキストのヘッダーが送られていたが、CoAP ではバイナリーで UDP を使うため比較的信頼性の低い通信での用途で使われる。

図2-7 の（b）MQTT (Message Queue Telemetry Transport) は IoT や M2M で使うことを目的としたプロトコルで、TCP の 1883 番ポートが使われる。publish/subscribe パターンをベースにしたプロトコルで、3 種類のアクション（Publisher、Subscriber と、Message broker）がある。Publisher と Subscriber の間には Message broker がいて、Message broker を中継してコンテンツを送受信する。

2.4　サーバ

シングルボードコンピュータである Raspberry Pi や Arduino は、小型で扱いやすいが、複雑な計算や大量のデータの保持には向いていない。デバイスでセンシングしたデータの保持や、分析をするためにはサーバが必要である。サーバの運用は、自社での運用（オンプレミス）* や、クラウドサーバの利用などがあり、用途や物理的制約などを考慮して選択する。

クラウドサーバを使用する場合には、クラウド運用会社に運用管理を任せられるので自身の手間はなくなり、サーバでの処理を中心に考えることができる。クラウドサーバの大きな利点としては、災害時の停電等を想定して運用する必要がないので、クラウドサーバも重要な選択肢の1つになる。

＊オンプレミス：オンプレミス（on-premises）とは情報システムを使用者（通常は企業）自身が管理する設備内に導入、設置して運用することをいう。元来は普通に見られる運用形態であったが、2005年頃から、情報設備の構築・維持の手間をアウトソーシングするために、インターネットに接続されたサーバファームやSaaS、クラウドコンピューティングなど、外部のリソースをオンデマンドで活用する新たな運用形態が浸透するにつれて、従来の形態と区別するためにレトロニムとして「オンプレミス」の語が使われるようになった。自社運用型とも訳される（出典：Wikipedia）。

2.4.1 クラウドサーバ

クラウドサーバを使用する場合には、クラウド運用会社に運用管理を任せられるため、サーバでの処理を中心にIoTのサービスを考えることができる。

運用会社が提供するサービスを使うため、サービスごとに課金が必要になる。特に、気づかずにサービスを使いすぎると思わぬ金額を請求されることがあり注意も必要になる。

クラウドサーバは現在ニーズが高く、様々なベンダーがサービスを提供している。使用に際してはそれぞれの特徴や費用を考え選択する。プロトタイプや試験的な利用であれば扱うデータ量も少なく、無料で使えるサービスを選ぶこともできる。クラウドサーバの代表格としてAmazonが提供するAWS（Amazon Web Services）がある[8]。AWSでは、APIが充実していて、サーバに必要な様々な機能を提供している[18][19]。AWSの他にも、Microsoftが提供するMicrosoft Azureやニフティーが提供するNifty Cloudがある。また、クラウド上でアプリケーションを動作させるHerokuもあるが、データを蓄積できないため用途が限定さる[9]。サービスに加え、品質保証であるSLA (Service Level Agreement)* も選択の要素となる。

---

*SLA：サービスを提供する事業者が契約者に対し、どの程度の品質を保証するかを明示した

もの。通信サービスやホスティングサービス（レンタルサーバ）などでよく用いられる。混雑時の通信速度や処理性能の最低限度や、障害やメンテナンス等による利用不能時間の年間上限など、サービス品質の保証項目を定め、それらを実現できなかった場合の料金の減額などの補償規定を利用契約に含める。規定される項目は原則として定量的に計測可能なもので、上限や下限、平均などを数値で表し、測定方法なども同時に定める（出典： IT用語辞典）。

2.4.2 サーバOS

サーバを実現するOSとしてはLinuxやWindowsサーバが一般的に使われている。Unix系であれば、商用のものからフリーのものまで幅広くあり、サポートや予算に応じて選ぶことができる。フリーのUnix系OSとしてLinuxがあり、CentosやUbuntuは、多くのユーザーが利用している[10][11][15][16]。

ユーザーが多ければ、支援するコミュニティも活発で、様々な議論や情報共有が行われる。情報は構築や運用の際に重要になる。また、バージョンアップも定期的に行われ、セキュリティ対策のアップデートも頻繁に必要になる。以前Unix系OSはmakeファイルでソースをコンパイルしていたが、今ではほとんどのツールはパッケージとして提供されている。CentOSであればyum、Ubuntuであればaput-getコマンドでパッケージのインストールが行える。Windowsサーバも広く使われて、GUIを使い各種設定やインストールを行えるため非常に使い勝手がよい。

加えて、Hyper-V等を使うことでサーバ自体を仮想的に分割できる[12][17]。ネットワーク及びサーバに関する仮想化技術は現在広く使われていて、今後IoTと仮想化技術との連携がより進むことも予想される。

参考文献

[1] すべてがわかるIoT大全 モノのインターネット活用の最新事例と技術、日経BP Next ICT選書、日経コンピュータ、2014.12

[2] 特集　技術で理解するIoT、pp.25-43、日経ネットワーク、2015.1

[3] 河村雅人、大塚鉱史、小林祐輔、小山武士、宮崎智也、石黒祐樹：絵で見てわかるIoT/センサの仕組みと活用、翔泳社、2015.3

[4] IO編集部： IoTがわかる本―身の回りのものをネットワークにつなぐ！、工学社、2015.5

[5] Raspberry Pi：https://www.raspberrypi.org/

[6] Arduino：https://www.arduino.cc/
[7] 竹下隆史、村松公保、荒井透、苅田幸雄：マスタリングTCP/IP 入門編 第5版、オーム社、2012.2
[8] Amazon Web Service：https://aws.amazon.com/jp
[9] Heroku：https://www.heroku.com/
[10] Centos OS：https://www.centos.org/
[11] Ubuntu OS：https://www.ubuntulinux.jp/
[12] 遠山 藤乃：MicrosoftWindowsServer2012 R2 Hyper-V 仮想化技術活用ガイド、技術評論社、2014.6
[13] Beagleboard：http://beagleboard.org/bone
[14] Edison：http://edison-lab.jp/
[15] 完全マスターLinuxパーフェクトマニュアル（100% ムックシリーズ）、晋遊舎、2015.6
[16] サーバ構築研究会： CentOS7で作るネットワークサーバ構築ガイド、秀和システム、2015.5
[17] 知北 直宏:標準テキスト Windows Server 2012 R2 構築･運用･監理パーフェクトガイド、SBクリエイティブ、2014.9
[18] 玉川 憲、片山 暁雄、今井 雄太：Amazon Web Services 基礎からのネットワーク＆サーバー構築、日経BP社、2014.7
[19] 佐々木 拓郎、林 晋一郎、小西 秀和、佐藤 瞬:Amazon Web Services パターン別構築･運用ガイド、SBクリエイティブ、2015.3
[20] 阪田 史郎、西室 洋介、福井 潔、田中 成興:ZigBee センサーネットワーク通信基盤とアプリケーション、秀和システム、2005.7
[21] Kevin Townsend、Carles Cufi、Akiba、Robert Devidson著、水原文翻訳：Bluetooth Low Energyをはじめよう、オライリージャパン、2015.2
[22] RFC2616、Hypertext Transfer Protocol：https://www.ietf.org/rfc/rfc2616.txt
[23] RFC2818、HTTP over TLS：https://tools.ietf.org/html/rfc2818
[24] RFC7252、The Constrained Application Protocol：https://tools.ietf.org/html/rfc7252
[25] 井上伸雄、YOUCHAN：カラー図解でわかる通信の仕組み あなたはインターネット＆モバイル通信をどこまで理解していますか？（サイエンス・アイ新書）、SBクリエイティブ、2013.11
[26] Wi-Fiがまるごとわかる本2015（100％ムックシリーズ）、晋遊舎、2015.3

Webサイトは2016年2月確認

3. IoTを実現する各種技術

3. IoT を実現する各種技術

3.1 Raspberry Pi と Arduino

２章で記述したように IoT は様々なモノを対象としているため実現する技術も多岐にわたる。３章では、ユーザーが実際に IoT をプロトタイピングし、動作させるために必要な技術を中心に紹介する。対象は小型デバイスのプロトタイピングであるが、モノがインターネットに繋がり、センサーから得られたデータを送る点では、衛星や農業の場合でも同じ仕組みといえる。実際にモノをインターネットに接続し情報を取得するためには様々な技術を組み合わせる必要がある。

まず、組み込み基盤であるシングルボードコンピュータ Raspberry Pi や Arduino をセットアップする [1] [2]。次に、基盤とセンサーを連携させ、センサーを動かすために必要なプログラムを開発する。センサーは、温度、光、音声や画像など様々なセンサーがある。センサー技術は日々進化し新しいものが次々に登場しているが、３章では LED やサーボモータなど手軽に扱えるセンサーや画像処理の基本的な部分を述べる。センサーから得られた情報はインターネットを通じサーバに送られる。

IoT の実現形態は用途により異なる。モノを固定して利用することでユビキタスコンピューティングのように環境情報を収集する用途もあれば、ユーザーがモノを直接身に着けるウェアラブルデバイスとしてユーザーの行動情報や身体情報を収集する用途もある。また、ロボットと連動させることで移動しながら情報を収集することも可能である。IoT の用途は様々である。

３章で紹介する Raspberry Pi と Arduino は、データを収集し送るための頭脳としての役割を果たすが、両者には実装に際していくつか相違がある。

Raspberry Pi は OS をインストールするので、基本的に OS で使用できる開発環境を使うことができる。一方、Arduino は専用の IDE を使って、基盤にプログラムを書き込み、プログラムを動作させる。Arduino IDE とは、フリーウエアで、コーディング・コンパイル書き込みなど一連の作業がこれ一つでできる。Arduino の開発環境で Arduino ソフトウェアとも呼ぶ。特に Arduino に関して開発は作業用の PC に繋ぐだけで行えるので手軽に始められる。

3.2 Raspberry Pi

シングルコンピュータボードの Raspberry Pi を紹介する（**図3-1**)。現在 Raspberry Pi で使われる OS は大きく分けて 2 種類あり、Linux 系の Raspbian と Windows 10 が一般的に使われている。それぞれのインストールの手順については、3.2.2 および 3.2.3 で述べる。

3.2.1 Raspberry Pi

図3-1 Raspberry Piの外観

Raspberry Pi は、SD カードや WiFi アダプタに加え、ディスプレイ、キーボードや、マウスを接続することで PC と同じように操作できる。また、USB コネクタが複数あるのでネットワークモジュールを接続することで、インターネットに接続することができる。LAN コネクタもあるので、LAN ケーブルを接続すれば有線でネットワークに接続できる。Raspberry Pi にタッチパネル式のディスプレイを接続した例で、情報表示に加え、タッチパネルとしてアプリケーションの入力に使うこともできる。

3.2.2 Raspbian

Raspberry Pi の OS である Raspbian は、**図3-2** のサイトからダウンロードしインストールする [4]。用意するものは、Raspberry Pi と SD カードおよび、作業用の PC が最低限必要である。

サイトには Raspbian 以外にも Raspberry Pi で動作する OS がいくつかあり、NOOBS と Raspbian の 2 つがダウンロードできる。Raspbian を対象としているので、Raspbian の最新バージョン (2016 年 2 月) Jessie を選択する。zip 形式を

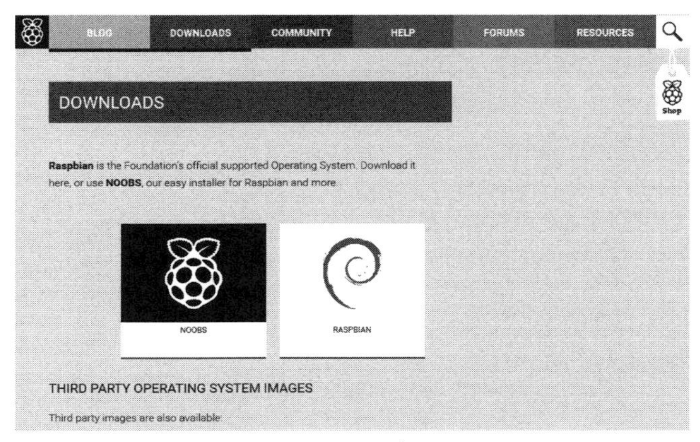

図3-2　Raspbianのダウンロード

選択するとファイルのダウンロードができる。ダウンロードしたraspbian-jessie.imgファイルをSDカードにイメージとして書き込むことで、Raspberry Pi上で動作するOSとして使えるようになる。Raspberry PiにSDカードを差し込んで電源を入れると、起動プロセスが始まる。SDカードはOSをインストールする以外にも、アプリケーションや開発でも使用するので、容量に余裕を持たせる必要

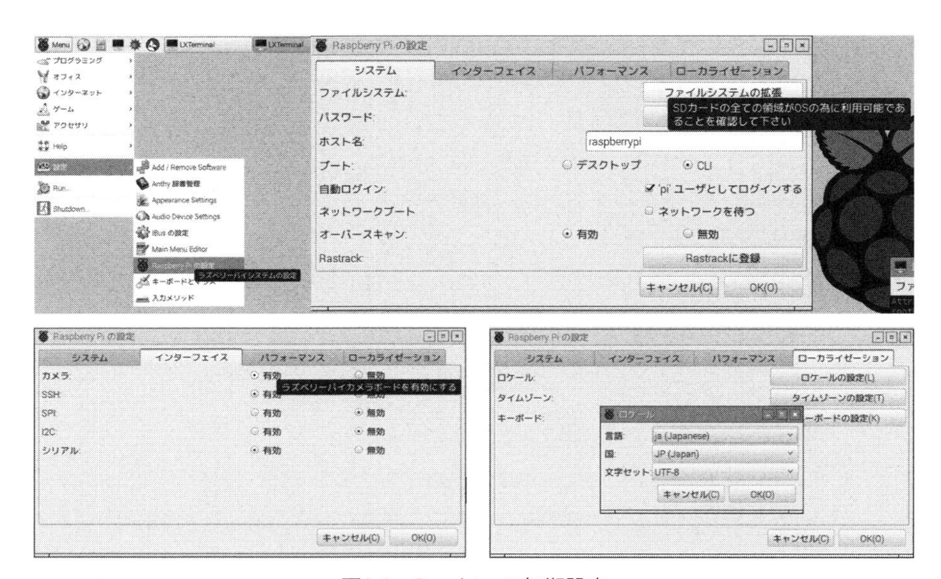

図3-3　Raspbianの初期設定

がある[6][7]。

OS起動後に、無線ネットワーク、起動モードや、カメラの有効無効など、設定をする。**図3-3**は、Jessieで初期設定を行っている例である。SDカードの容量の全て使うためにファイルシステムの設定が重要で、メニューからRaspberry Piの設定を選びファイルシステムの拡張を選ぶ。また、カメラやSSH（Secure Shell）などの有効・無効を設定し、タイムゾーンやキーボードの設定を行う。特に、ネットワークとSSHの設定を行うことで、外部からリモートログインが可能になることに加え、複数のユーザーで同時にログインできるようになる。また、アプリケーションを実装するためのコンパイラや開発環境としてCやPythonが既にインストールされている。

3.2.3 Windows 10

Raspberry PiにWindows 10 Iot Coreをインストールする流れを説明する[10]。

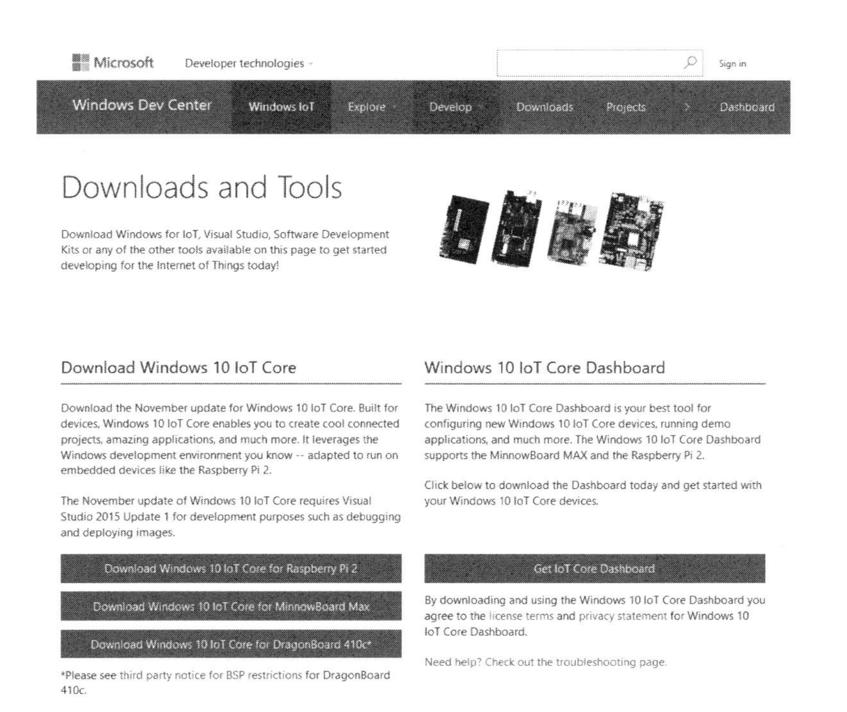

図3-4 Windows 10 IoT Coreのダウンロード

Windowsの場合も、Raspbianで行ったインストールと同じように、基本的にはWindowsがインストールされているを作業用のPCを用意し、SDカードにOSをインストールする。

図3-4に示すようにWindows 10 IoT Coreをダウンロードする[5]。Raspbianに比べると半分のサイズ（500MB程度）である。ダウンロードしたファイルをSDカードにインストールする。

図3-5(a)に示すように、ライセンスに関する質問等があるので、同意するとインストールが開始される。インストールの終了を確認しFinishボタンでインスト

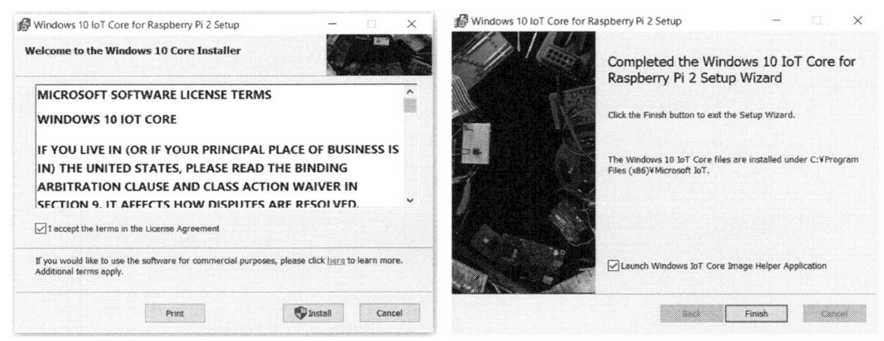

(a) インストール設定画面

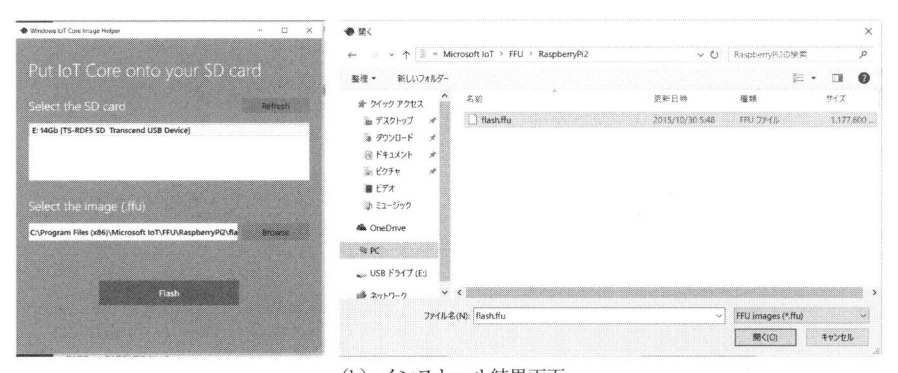

(b) インストール結果画面

図3-5　Windows10 IoT Coreのインストール

ールが終了する。

Windows IoT Core Image Helper Applicationが自動的に起動し、**図3-5(b)**に示す画面になる。インストール対象のSDカードを指定し、ffuファイルの指定を行う。SDカードをRaspberry Piに差し込み、LANケーブルを接続し起動する。

次に、作業PCからRaspberry Piにアクセスする。作業PC上でWindows IoT Core Watcherを起動する。Refreshボタンを押すと**図3-6**のように、Raspberry Piの情報が表示されるので各種設定を行う。また、開発も、作業PCにVisual Studioをインストールし、Visual Studioで開発したものをRaspberry Piに転送する。Raspbianをインストールした場合には、Raspberry Piで直接プログラムを作成できたが、Windowsの場合は次に説明するArduinoに近い形でプログラムを構築できる[11][12]。

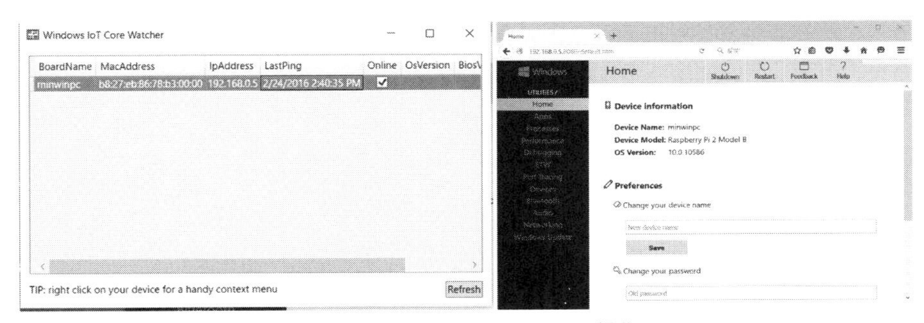

図3-6　PCからRaspberry Piへの操作

3.3　Arduino

3.3.1　マイコンボードArduino

マイコンボードのArduinoについて述べる。Arduinoには いくつかのバリエーションがある。例えば、**図3-7**に示すように2種類のArduinoがあるが、単純に大きさが違う以外にも機能や用途でも違いがある。例えば、(a) Arduino miniは最小限の基盤のため導線を半田付けする必要があるが、(b) Arduino UNOはそのままの状態で使えるので、初心者でも簡単に使うことができる[8][9]。

3.3.2　プログラム環境

Arduinoは作業用PCとUSBケーブルがあればすぐにプログラムを試すことが

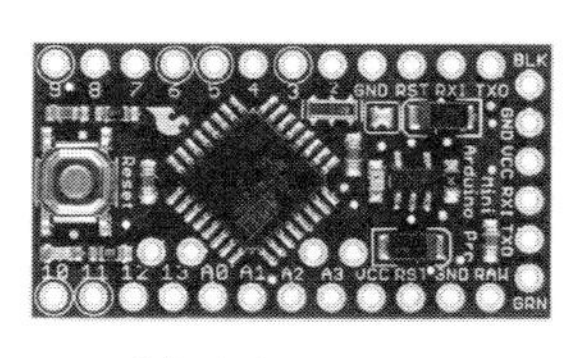

（a）Arduino mini

（b）Arduino UNO

図3-7　Arduino miniとArduino UNO

できる。まず、作業用PCでArduino IDEをダウンロードしインストールする。次に、Arduinoと作業用PCをUSBケーブルで接続し、プログラム環境であるArduino IDEを起動する。プログラムはArduino IDE上で作り、Arduino本体に書き込むことで動作が実現される。プログラムの記述と書き込みをArduino IDEを介して行う。**図3-8**に示すように、IDEは操作のためのGUIメニューがわかりやすいことに加え、記述するプログラム言語もルールが少なく簡単である点に特徴がある。また、開発を支援するための各種ライブラリも用意されている。

メニューからArduinoの種類の選択、USBのポートの指定や、ライブラリが選

図3-8　Arduino IDE

択できる。例えば、サーボモータやネットワークを扱うためのライブラリがあり、メニューから選択することでプログラムに命令が追加される。また、プログラムを記述する文法は、初期化のためのsetup関数と繰り返し処理のloop関数により実現される。setup関数には各種変数の初期化や、入出力ピンに関する情報を記述する。また、loop関数には繰り返し行われる処理を記述するが、処理が速すぎる場合は適宜delay関数を呼ぶことでタイミングの調整を行う。他の名前の関数を定義することも、複数のファイルにまたがってプログラムを記述することも可能である。

3.3.3 センサー

Raspberry PiやArduinoを使い情報をセンシングする場合には、対応するセンサーを組み込み基盤と組み合わせる必要がある。単に市販のセンサーを入出力ピンに接続することで動作する場合もあれば、センシングするための回路を設計し動作させる場合もある。例えば、プロトタイピングに必要な様々な部品や工具を秋葉原の店舗やネットショップを通じて入手することができる。

環境に関する情報を扱うセンサーとして、温度、光、湿度や、においセンサーがある。カメラを使って映像情報を、マイクロフォンにより音声情報を取得することもできる。また、移動に関する情報のセンシングのために、距離、ジャイロ、GPSや、加速度センサーを使うことができる。モバイルデバイスの実現や、各種移動型ロボットなどのデバイスを実現する場合には効果的に作用する。さらに、人体に関する情報のセンシングとして、体温、血圧や、心拍センサー等がある。様々なセンサーを組み合わせることで、例えば、人体情報を扱うセンサーと移動情報を扱うセンサーと組み合わせ、運動を支援するウェアラブルデバイスが実現できる。また、モーターやアクチュエーターはマイコンから命令を出すことで動作させることができるので、遠隔操作のロボットの操作も可能になる。

3.3.4 Arduinoとセンサー

図3-9は、Raspberry PiとArduinoでLEDを点滅さるために、LEDと抵抗を使い、入出力Pinに接続している例である回路図はfritzing[3]により作成。LEDにはプラスとマイナス（アノードとカソード）があり、入力ピンにもアナログとデジタ

ルがあるので区別する必要があるが、Raspberry Pi と Arduino ともハードウェアは同様に扱える。しかし、プログラムの記述に際し Raspberry Pi では python を使い、Arduino では IDE を使っている[19][20]。

Arduino を使って LED を点滅させるためのプログラムを**図3-9(a)**Arduino に示す。9 ピンに LED のカソードに繋げるので、プログラムの対象になるのは 9 ピンになる。Arduino IDE を使い setup と loop の 2 つの関数を記述する。初期化を行う setup 関数では、9 ピンをアウトプットにする指定がされている。また、繰り返し処理を行う loop 関数でも、9 ピンに対して LED の点滅の処理が記述されている。デジタルで 9 ピンを HIGH にして点灯させ、delay 関数で 1000 ミリ秒（1 秒）経過すると、今度は LOW にして LED を消す。最後に 1000 ミリ秒経過すると先頭に戻り、9 ピンを HIGH にして点灯させる。結果として、デジタルの HIGH と LOW で繰り返し LED が点滅する。デジタルでプログラムを表現したが、アナログを使った場合は 256（0 ～ 255）段階で明るさを調整が可能となる。プログラムが完成した後、USB で作業 PC と Arduino を接続し、プログラムを Arduino に書き込む。書き込みが終わると LED が自動的に点滅を始める。

Raspberry Pi を使って LED を点滅させるためのプログラムを**図3-9（下）**に示す。まず、import によりライブラリを呼び出している。GPIO の 11 ピンに LED のカソードを繋ぐ。time.sleep が Arduino の delay の役割を果たし、LED は点滅を続ける。何かキーが入力されると終了する。

また、LED を点滅させる際に使う抵抗の値はオームの法則により求まる。例えば、LED の電気的特性が、電流 20mA、電圧 3v の場合に、使う抵抗を計算することができる（**表3-1**）。

表3-1 LEDを点滅させる際の抵抗値の算出例

式	説明
$抵抗(\Omega) = \frac{電圧(V)}{電流(A)}$	：オームの法則
$= \frac{Arduino 電源 - LED 電圧}{LED 電流}$	：LED を使う場合の抵抗値を計算
$= \frac{5v - 3v}{20 \times 10^{-3}} = 100$	：LED の電気特性が、電流 20mA、電圧 3v で、Arduino から 5v 供給

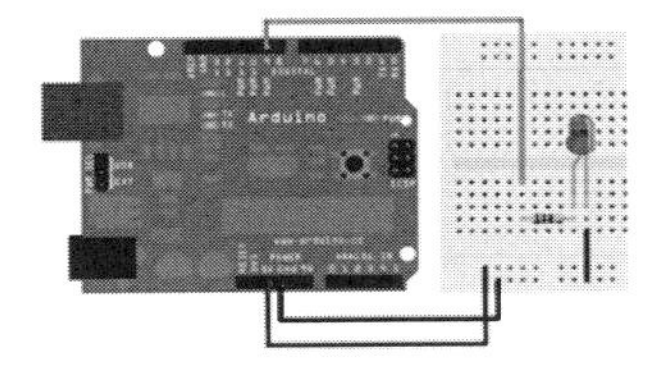

```
void setup() {
      pinMode(9, OUTPUT)
}

void loop() {
      digitalWrite(9, HIGH)
      delay(100)
      digitalWrite(9, LOW)
      delay(100)
}
```

（a）Arduinoの例

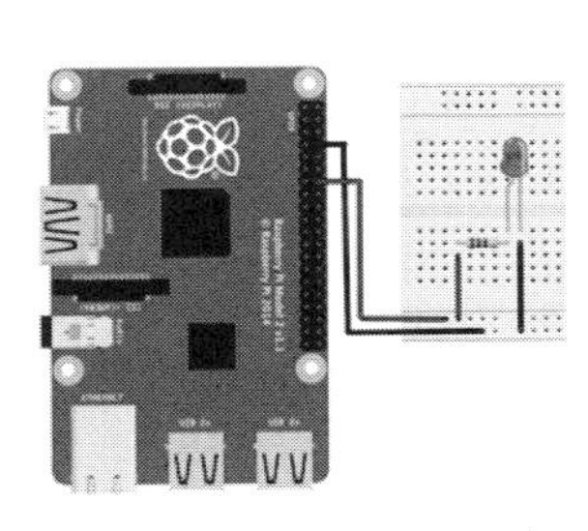

```
import RPI.GPIO as GPIO
import time
import sys

GPIO.setmode(GPIO.BOARD)
GPIO.setup(11, GPIO.OUT)

try:
      while True:
            GPIO.output(11, True)
            time.sleep(10)
            GPIO.output(11, False)
            time.sleep(10)
except KeyboardInterrupt:
      GPIO.cleanup()
      sys.exit(0)
```

（b）Raspberry Piの例

図3-9　ArduinoとRaspberry PiによるLEDの点灯

Arduinoを使ってサーボモータを動作させる例を**図3-11**に示す。まず、サーボモータには3本の導線があり、それぞれ入力、電源および、グラウンドになる。Arduinoにそれぞれの導線を接続する。サーボモータは大きさやメーカーにより電圧が異なっているので、5v以上の場合や複数のサーボモータを使う場合は外部電源を用意する必要がある。次に、ソフトウェアの設定を行うために、Arduino IDEを起動する。Arduino IDEにはサーボモータの動作を記述する関数がライブラリで用意されているので、それを使いサーボモータを制御するプログラムを記述する。ライブラリからServoの項目を選択することでライブラリのヘッダーファイルがincludeされる。サーボモータはPWM(Pulse Width Modulation)*で動作するが、ライブラリによるプログラムの記述により角度を指定するだけで動作する。

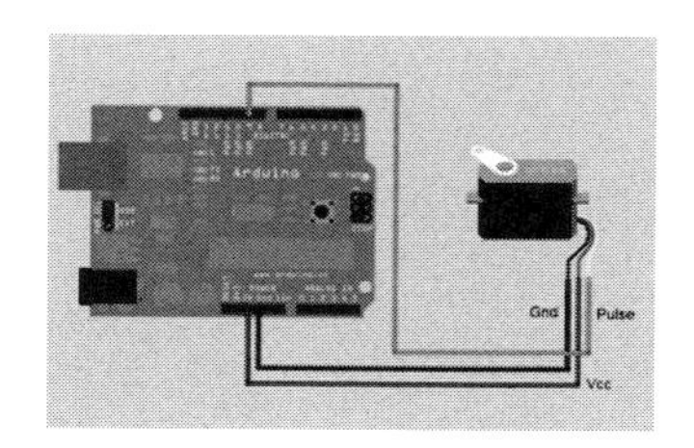


```
#inlude <Servo.h>
void setup() {
        servo.attach(2)
}

void loop() {
        servo.write(30);
        delay(1000)
        servo.write(120)
        delay(1000)
}
```

図3-10　サーボの動作プログラム例

＊ PWM：回転角に応じた一定周期のパルス幅の信号を与える必要がある。回転角を変える場合はパルス幅を変える必要がある。これをPWM制御という。

3.4　カメラと画像処理

3.4.1　カメラ

Raspberry Piは、USBポートを使いカメラを接続できる。**図3-11**に示すようにカメラから得られるリアルタイムの映像に対し画像処理により人や環境の変化を認識できる。例えば、カメラを固定した場合、撮影フレームの前後の差分からカメラがとらえている範囲の変化が分かり、認識対象を登録しておけばフレーム内に対象が現れたときに見つけることができる。防犯や見守りの用途にも使われている[13]～[18]。

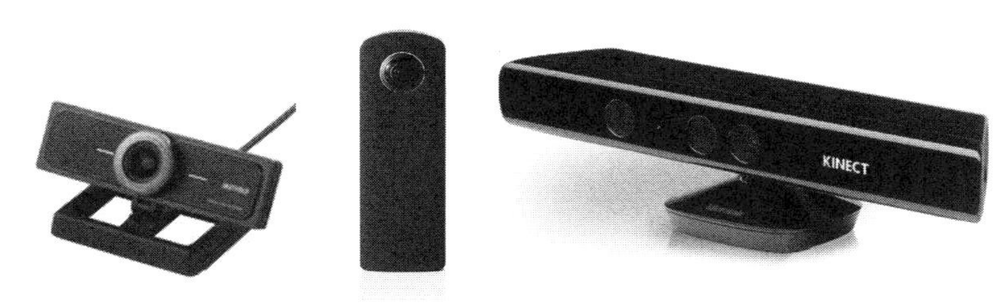

図3-11 カメラ

現在では画像処理を簡単に行なえるライブラリが充実していて、特にOpenCV (Open Source Computer Vision Library) はコンピュータビジョンのライブラリで、スマートフォンのアプリの開発や研究でも広く使われている。OpenCVには画像処理に必要な様々な関数群を備えているので、画像や動画の処理、顔などの認識処理や、拡張現実（AR）の応用など幅広い用途に対応している[18]。

Raspberry PiやArduinoは高速なCPUやグラフィックスボードなどを備えていないため、PCやワークステーションで行うような複雑な処理には向いていない。しかし、IoTデバイスの実現において、実世界の情報を取得する簡単な用途の画像処理や、他のセンサーをサポートする用途には十分に機能する。

Raspberry Pi（OS：Raspberry）でOpenCVのライブラリをインストールするコマンドを**図3-12**に示す。sudoは管理者権限を意味し、apt-get installで様々な

```
% sudo apt-get install opencv-dev
% sudo apt-get install opencv-python
```

図3-12 OpenCVインストール

パッケージのインストールを行う。Pythonで動作するOpenCVのライブラリの簡易版をインストールするために、opencv-devとopencv-pythonのインストールを行っている。

3.4.2 OpenCV

図3-13はRaspberry Piを使った画像処理プログラム例である。プログラムで、Pythonを使い数行で実現されている[17]。カメラからの入力を3通りの方法で表示している。入力をそのまま表示、入力をグレースケールに変換して表示、そして、入力画像からエッジを抽出した結果を表示する。プログラム内ではcv2をインポートしているので、動作させるためにはOpenCVのライブラリをインストールする必要がある。インストールしていない場合は最初の行（import cv2）でエラーになる。グレースケールへの変換およびエッジ抽出はそれぞれcvColorとCanny関数に引数を渡すだけで実現されている。プログラムはwhileループによ

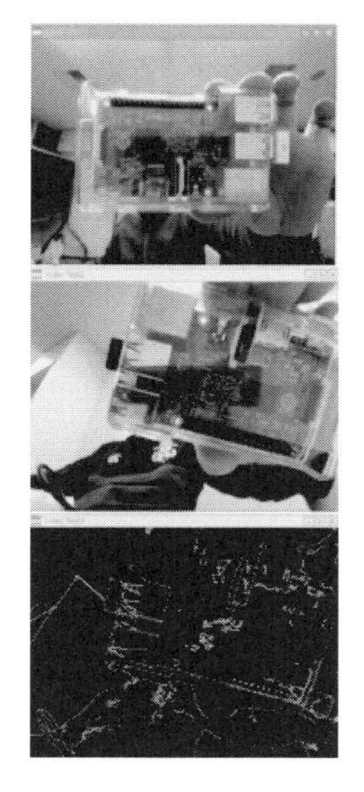

```
import cv2

cam = cv2.VideoCapture(0)

while (True):
    ret, frame = cam.read()
    grayscale = cv2.cvColor(frame, cv2.COLOR_BGR2GRAY)
    edges = cv2.Canny(grayscale, 50, 300, L2gradient=False)

    cv2.imshow('Video Test 1', frame)
    cv2.imshow('Video Test 2', grayscale)
    cv2.imshow('Video Test 3', edges)

    if cv2.waitKey(1) == 27:
        Break;
cam.release()
cv2.destoryAllWindows()
```

図3-13　カメラを使ったプログラム

り、カメラからの入力画像を繰り返し処理するので、エスケープキーを押すことでループから抜けてプログラムを終了する。

3.4.3 応用

Raspberry Pi と Arduino を個別に紹介してきたが、2つを連携させることも可能である[5]。Raspberry Pi の USB ポートを Arduino の USB ポートに繋ぎ、シリアル通信をさせることで Raspberry Pi から Arduino をコントロールできる。**図3-14** では、Raspberry Pi から Arduino を介してサーボモータを制御している例で、Arduino にはシリアル通信で信号受けて処理するプログラムを書き、Raspberry Pi にはシリアル通信で信号を送るプログラムを記述している。さらに、

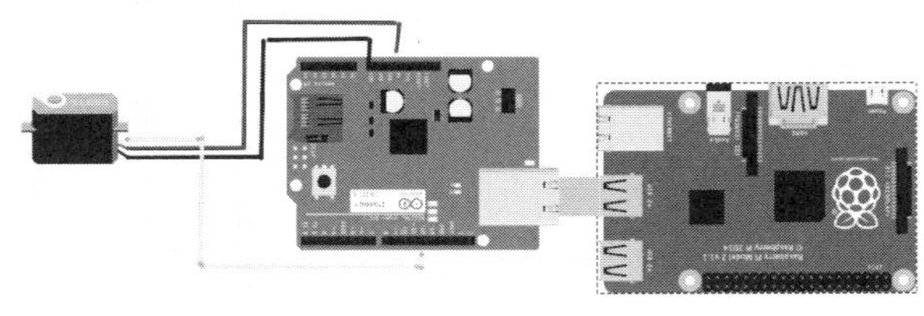

```
#inlcude <Servo.h>

Servo servo;

void setup() {
    Serial.begin(9600);
    servo.attach(2);
}

void loop() {
    if (Serial.available() > 0) {
        byte val = Serial.read();
        if (val == ‘F’) {
            servo.write(30);
        } else if (val == ‘B’) {
            servo.write(120);
        }
        delay(1000);
    }
}
```

```
import serial
import time

t_serial = serial.Serial(‘/dev/ttyUSB0’, 9600)

time.sleep(2)
t_serial.write(b’B’)
time.sleep(2)
t_serial.write(b’F’)
```

図3-14　Raspberry PiとArduinoの連携

Raspberry Piはシングルコンピュータなので、Arduino IDEをインストールすることができる。従って、Raspberry PiからArduinoのプログラムを開発できる。

3.5 無線通信

Raspberry PiやArduinoは有線に加えて無線での通信も可能であり、様々なモジュールと組み合わせることで通信を実現する。無線技術として、WiFiをはじめ、XBeeや、Bluetooth(BT)及びBluetooth Low Energy(BLE)を用途に応じて使い分けることができる。IoTで使われる無線モジュールとして、WiFi、Bluetoothや、ZigBeeがよく知られている。Raspberry PiであればUSBアダプタとして接続することでWiFiやBluetoothを使うことができ、Arduinoであれば無線モジュールとRXとTXピンの接続により無線通信が可能になる。また、Bluetoothに関しても、Bluetooth3.0に加え、近年Bluetooth Low Energy（Bluetooth 4.0）も使われている。一般に通信モジュールはディスプレイと並び電力の消費が大きいが、BLEは名前の通りに低消費電力で長時間の動作が可能になる。通信以外にも位置測位のビーコンとして使われている。

例えば、PCとArduino間をUSBケーブルで接続し通信する場合や、Bluetoothで通信する場合はシリアル通信が使われる。通信に際して、PC上で動作するアプリケーションが必要になるが、Processingを使うことで容易に実装される[21]。Processingは図形やGUIなどのグラフィカルな表現を簡単にプログラミングできる言語で、Arduinoと似た構成のIDEを提供している。プログラムは初期化のsetup関数と、ループ処理のloop関数をArduino IDE同様に記述する。ライブラリも用意されていて、シリアル通信も簡単に実装される。

図3-15(a)はProcessing IDE及びProcessingで実装されたアプリケーションの例である。アプリケーションはPC上で動作し、PCとArduino基盤がUSBケーブルで接続されている。ArduinoとProcessingのプログラムの中で、Serialの設定を行っている（**図3-15(b)**）。Processing側では、printin(Serial.list（）)で使用可能なシリアルを表示し、対象となるポートを設定する。Processingのアプリケーションウィンドウ上で、'B'および'F'キーを押すと、Arduino側のプログラ

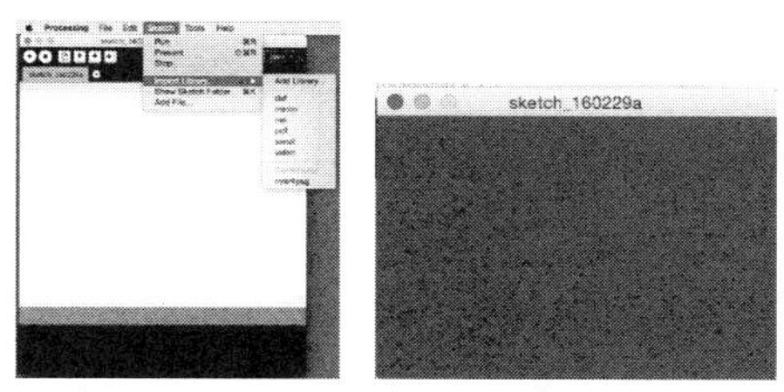

(a)Processingと実装したアプリケーション

```
#include <Servo.h>
Servo servo;
void setup() {
  Serial.begin(9600); // Serial
  servo.attach(10);   // 10 pin (PWM)
}

void loop() {
  if (Serial.available() > 0) {
    byte val = Serial.read();
    Serial.write(val);
    if (val == 'F') {
      servo.write(30);
    } else if (val == 'B') {
      servo.write(120);
    }
    delay(1000);
  }
}
```

```
import processing.serial.*;
Serial serial;
void setup() {
  size(300, 200);
  println(Serial.list());
  serial = new Serial(this, Serial.list()[3], 9600);
}
void draw() {
  background(100);
}
void keyPressed() {
  if (key == TAB) {
  } else if (key == 'F' || key == 'f') {
    serial.write('F');
    background(255);
  } else if (key == 'B' || key == 'b') {
    serial.write('B');
    background(0);
  }
}
```

(b)ArduinoとProcessingのプログラム

図3-15　ProcessingとArduinoの連携

ムが情報を受け取り、対応する角度にサーボモータの軸を回転させる。

図3-16の例では、PCとArduino間をBluetoothで通信を目的とした、Processingのプログラムである。まず、PCで、PC側のBluetoothとArduinoに接続されたBluetoothのペアリングを行う（**図3-16(a)**）。**図3-15**と同様にシリアル通信を使っているため、Processingのプログラムのsetup関数でBluetoothを選びSirialの設定することで、PCとArduino間で無線通信が行われる（**図3-16(b)**）。シリアルのリストは、printin(Serial.list（）)により**図3-16(c)**のように出

力される。

プログラムでは、Bluetoothを介して、PCとArduinoの無線通信を実現したが、Processingのプログラムに GUI を加えて Arduino を操作することや、データベースを設定し Arduino から得られた情報を保持するように拡張することも可能である。

(a)Bluetooth のペアリング

```
void setup() {
      size(300, 200);
      println(Serial.list());

      //serial = new Serial(this, Serial.list()[2], 9600);
      serial = new Serial(this, "/dev/tty.RNBT-E4F1-RNI-SPP", 9600);
}
```

(b)シリアル通信プログラム

```
/dev/cu.Bluetooth-Incoming-Port
/dev/cu.Bluetooth-Modem
/dev/cu.RNBT-E4F1-RNI-SPP
/dev/tty.Bluetooth-Incoming-Port
/dev/tty.Bluetooth-Modem
/dev/tty.RNBT-E4F1-RNI-SPP
```

(c)シリアルリストの出力

図3-16　Bluetoothによるシリアル通信

参考文献

[1] Raspberry Pi：https://www.raspberrypi.org/
[2] Arduino：https://www.arduino.cc/
[3] fritzing：http://fritzing.org/home/
[4] Raspbian：https://www.raspberrypi.org/downloads/raspbian/
[5] Windows Iot：https://developer.microsoft.com/ja-jp/windows/iot
[6] 福田 和宏：これ１冊でできる！ラズベリー・パイ超入門 改訂 第２版Raspberry Pi Model B/B+/2対応、ソーテック社、2015.4
[7] 金丸 隆志:Raspberry Pi で学ぶ電子工作 超小型コンピュータで電気回路を制御する(ブルーバックス)、講談社、2015.12
[8] Massimo Banzi、Michael Shiloh著、船田 巧翻訳、Arduinoを始めよう 第３版 、オライリージャパン、2015.11
[9] 福田 和宏：これ１冊でできる！ Arduinoではじめる電子工作超入門、ソーテック社、2014.12
[10] Windows IoT：http://ms-iot.github.io/content/en-US/Downloads.htm
[11] 宇田周平、林 宜憲：Raspberry Pi 2とWindows 10ではじめるIoTプログラミング、マイナビ出版、2015.11
[12] Interface、2016年03月号、CQ出版、2016.1
[13] Buffalo Web Camera： http://buffalo.jp/product/multimedia/web-camera/bsw20km11bk/
[14] Kinect：http://www.xbox.com/ja-JP/kinect
[15] 武藤佳恭：AVRマイコンとPythonではじめようIoTデバイス設計・実装、オーム社、2015.9
[16] Theta：https://theta360.com/ja/
[17] 桑井 博之、永田 雅人：実践OpenCV 2.4 for Python －映像処理＆解析、カットシステム、2014.7
[18] 小枝 正直、上田 悦子：OpenCVによる画像処理入門 (KS情報科学専門書)、講談社、2014.7
[19] ビープラウド：Pythonプロフェッショナルプログラミング 第２版、秀和システム、2015.2
[20] 石井モルナ、江崎 徳秀：みんなのRaspberry Pi入門 第２版 (リックテレコムの電子工作シリーズ)、リックテレコム、2015.6
[21] ベン・フライ、ケイシー・リース： Processingビジュアルデザイナーとアーティストのためのプログラミング入門、ビー・エヌ・エヌ新社、2015. 9.

Webサイトは２月確認

4. データの収集と分析

4. データの収集と分析

4.1 ビッグデータとは何か？

この節では、最近、世の中で着目されつつある「ビッグデータ」というキーワードの登場の背景と潮流を説明し、次に、このビッグデータで何ができるようになるのか、何が期待されているのかを解説する。そして、ビッグデータを取り扱うにあたってのいくつかの注意事項を喚起する。最後に、ビッグデータのデータタイプを整理する。

4.1.1 背景と潮流

IoT 技術により様々な手段で大量のデータが、収集・蓄積・配信される。蓄積したデータはそのままでも記録 (ログ) としての価値は発生するが、それらを統計的に分析することで、より高い付加価値のある情報を引き出すことができ、ビジネスや行政サービスの改善などに利活用することができる。このように大量のデータを処理する技術をビッグデータ処理技術、簡単にビッグデータと呼ぶ（**図4-1**）。

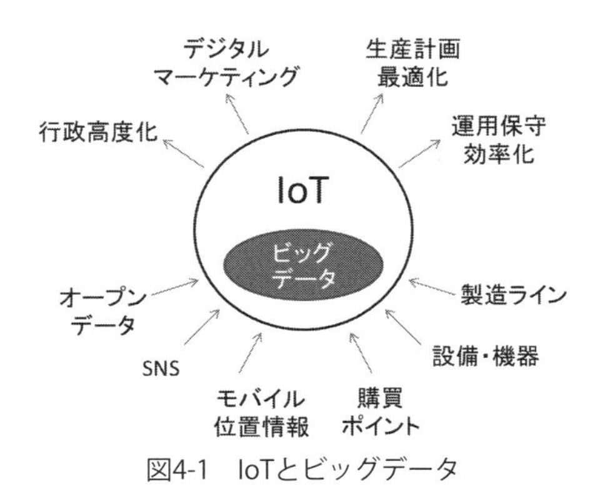

図4-1　IoTとビッグデータ

社会の潮流としては、広く開かれた情報公開による透明な行政の実現、および、行政組織の横の繋がり強化による事務効率化が求められている。これに応じる形で、日本国内でも法人番号やオープンデータなどの制度やルールが整備されつつあり、これらを利活用することで、行政の効率化、経済の活性化が期待できる。一方で、データの著作権やプライバシーをどう守るのか、国際的な基準や慣習にどう合わせるのかといった課題もあり、検討が進んでいる。

経済の潮流としては、会社や個人のインターネットやモバイルの利用が常態化されてきており、データの入手、蓄積、活用、配信などが、大量、高速、多様（マルチメディア）、かつ、複雑になりつつ、新しい文化（ネット売買、スマホ、SNS(Social Networking Service) など）が生まれている。特に、全世界の人々がインターネットに散らばるデータを瞬時に手に入れ、判断し、行動を起こすことができるために、ある一国の経済イベントが世界規模で直ちに影響を及ぼしている。そのため、より早く、正確にデータを取得・処理できる人や企業がビジネスにおいて優位に取引できる可能性が広がっている。同時に地域やリテラシに由来するものは情報格差という課題として認識されている。

上記を背景に、企業側はネット活用のビジネスが立ち上がっている。例えばネット上の売買は、リアルな店舗よりもコスト面で効率的であることに加えて、顧客の購買履歴などの大量の電子化されたデータを分析することで趣味・嗜好にあった商品やサービスやその提供方法を推薦（レコメンド）したり、新たに企画したりすることが可能となり、提供される商品やサービスの品質の向上にも貢献している。しかも、データは ID(Identification) やアドレスなどを通じて個人ごとに紐づけることが可能になってきたため、より個人にフィットしたサービスが実現し、これまでの大量生産・大量販売の時代から少量多品種のニーズに応える時代へと確実に遷移している。さらに、IT を先端的に活用する企業においては、従来、自社内に蓄積していた顧客データや販売データだけに閉じた形で分析を行っていたのに対し、外部の市況データや SNS データなどを掛け合わせることで、最新のトレンド、未発売の商品の価値などを適確に予測するようになり、他社との競合力を日増しに強化させている。

製造業であってもこの潮流から逃れることはできない。すなわち、最終消費者のニーズを知り、よりよい製品を出すために、どういう機能や品質が求められているのか、品揃えや在庫は適正かなどについても、自社内のデータだけに基づいて分析していた時代は終焉を迎えている。ユーザーもベンダーも製品もすべてインターネットにつながれているIoTの時代には、企画から製造・販売・回収、調達路や販路上に位置するすべてのステークホルダー、完成品メーカー、部品メーカーを問わずデータ連携し、稼働データや問合せ履歴などを分析し、売上やリスクを予測し、改善とイノベーションを実現することが可能となる。同時に、競争上強いられているともいえる。つまり、市場から淘汰されかねないという、情報革命が起きているのである。そして、この情報革命を支え、また、強力に牽引しているのが「ビッグデータ」と呼ばれる一群の技術なのである。

ＩＴ業界の変化としては、従来、高速性や大容量であることが競争軸であった状況が、ＩＴ機器のコモディティ化やOSS(Open Source Software)の台頭によりやや緩和され、代わりに多様で複雑なデータ処理、すなわち、テキストなどの非構造化データ、センサーからのストリームデータ、人間行動のデータなどを処理できることが競争軸になってきている。また、高度な統計機能や学習機能、制御機能などと連携し、広範囲で多岐に亘る業務の自動化を実現するアプリケーションやサービスが提供されつつある。とはいえ、現状のＩＴ技術では非効率で代替困難な領域もあり、例えば、モデリング、仮説立案、価値発見といった作業については、コンサルタントやデータサイエンティストという職種の専門家が活躍している。

4.1.2 ビッグデータで何ができるようになるのか？

ビッグデータは「３Ｖ」、すなわち、量(Volume)、速さ(Velocity)、多様性(Variety)について語られることが多い[2]。大量のデータを素早く、そして、いろいろなデータタイプを扱えるようになったと捉えられている。確かにその理解は正しい。しかし、これで充分理解できたとするのは早合点である。実は、ビッグデータの登場以前は人が扱える（または、想定できる）程度の規模のデータ処理を計算機に代用させていたに過ぎない。ビッグデータの登場以降は、想定外の量・速さ・多様性を伴ったデータを処理できる人や組織が、異なる次元の観点（競争軸）を手に入れることができるようにもなったというのが真の理解と言える。

例えば、他者が知らない情報を手に入れ、それを利活用することで、優位にビジネスを進めたり、別のビジネスを立ち上げたりすることができる。そのため、全世界で発生し蓄積されている大量のデータを処理して利活用し、同時刻に発生したイベントを他者よりも早く入手して利活用し、多様であるために見つけられなかった法則を早く発見し利活用する道具として「ビッグデータ」が使われるようになった。

なお、「ビッグデータ」という技術自体は競争の道具としてではなく、環境資源の効率的な活用方法の発見、未解明な病気の原因の発見など、広く人に役に立つ道具としても使われる技術である。

以下、具体的にどのような処理を実現しようとしているのか、３Ｖを整理軸に説明する。

まず、量 (Volume) の観点では、大量のデータを分析することで、非常に遠い要素間の関係（相関関係や因果関係など）を発見する試みである。例えば、ソーシャルグラフ（ウェブにおける人間の相関関係）を分析し話題の流れからインフルエンサー (影響を与えている人) やトレンドを発見したり、対象機器およびその周囲の膨大な環境条件や履歴から対象機器の効率的な運用のパラメータや他設備への悪影響の因子などを発見したりすることなどへの応用が考えられる。あるいは、標準から乖離した標本から役に立つ情報を抽出できる場合もある。例えば、特定の病気に対する耐性の要因を少数の稀な標本からでも発見できたとすれば、全人類に対する対策につながる応用が見つかるかもしれない。

次に、速さ (Velocity) の観点では、もちろん情報の発生位置に近ければ近いほど早く入手できるのは明らかであるが、仮にデータを入手できたとしてもデータの意味を抽出したり、過去のデータと突き合わせることに時間がかかるのであれば役に立たないかもしれない。素早い処理を実現するために、人の知恵を形式知化して計算機にあらかじめ入れておいたり、データから機械学習によって臨機応変にレスポンスしようとしている。例えば、アルゴリズムトレーディング（アルゴリズム取引）においては市場の動きに合わせて自動的に売買を執行したり、自動車の自動運転においては地図情報や信号情報に加え人や動物の突然の動きを認識し制動することなどへの応用が考えられる。

最後に、多様性 (Variety) の観点においては、従来、数値や表形式のように計算機が扱いやすかったデータタイプだけでなく、テキストデータ (自然言語データ)、音声や映像、グラフ構造のデータなども分析の対象としている。さらに、言葉の意味を扱うこと、時間遅れや周期性など動的な関係を扱うこと、あるいは、内部構造と環境との非線形な関係を扱うことなどで、新たな知見や応用サービスの創出も可能である。例えば、個人の好き嫌いや賛否を集計して価値観を捕捉してトレンドに応えたり、短期的な利得のオペレーションが中長期的には損失に作用する現象を予測したり、運転モードがシフトしている最中の過渡期的な運転状況であっても異常を検出する応用が考えられる。

以上、３Ｖを整理軸に説明したがこれら３つは独立しているわけではなく、それぞれ適所で複合させて使われている。なお、基礎的な機能で分類すれば、状況の見える化、要素の分類 (クラスタリング)、構造の把握 (定式化、モデリング)、原因の究明、状態の検知 (判別)、将来の予測、法則の発見 (データマイニング)、最適解の発見などに分類できる。これらは、意思決定支援、レコメンデーション (推薦)、自動運転などの上位の応用領域に組み込まれながら、適合・改良させる技術へと高度化してきている。

4.1.3 ビッグデータを取り扱うにあたっての注意事項

ビッグデータの入手が容易になり事例が増えるにつれて多くの企業が関心を示し利活用しようと思い立つが、ビッグデータへの対応は２つのグループに分類できる。

一つは、既にデータが溜まっていたり、多くのデータを集めることができたりするのでこれを使って分析し業務の取り組み、いわゆる「宝探し」のグループである。

もう一つは、企業に将来ビジョンがあり、その姿に近づくために現状を変える道具としてビッグデータを活用しようと取り組むグループである。多くの事例より、後者のグループの方が圧倒的に効率よく目的を達成している。すなわち、後者は、自分が抱えている目標や課題が何であるのかを仮決めした状態で、データによってその道筋を実験的に確認し、データから得られるであろう新法則をどの業務プロセスに組み込むのかを具体的にイメージできているので、データ分析の目的が途中でぶれることがない。一方、前者のグループのようにやみくもに宝探しをすると、工数の割に満足する成果が得られず、繰り返し分析しなければならなくなる。

さらに、本質的な問題点として、データ分析の目的を定めないために対象のデータや分析手段が定まらないケースがある。つまり、あるデータは、目的によっては必要なデータであったり、不要なデータであったりする。分析の目的の違いによっては、取り出したい信号データと、除去したいノイズデータが異なり、信号とノイズの役割が逆転することさえある。そして、データに依存して使用すべき分析の手法も違ってくる。このように、やみくもに宝探しするような方法は効率的ではない。そこで、分析作業を行う人・組織にとっては、分析の依頼者に目的と、分析結果の活用方法のイメージを聞き出すことが最優先事項で必要に応じて、複数の依頼者の意見を取りまとめ、調整を図ることも重要な作業になる。

データの価値に関する注意事項を記しておく。それは、多くの場合、データが機密情報であったり、プライバシーを伴う情報であったりすることである。これらは法律や社内ルールによって入手や分析、委託や利活用が制限されているのは当然である。しかし、データを取り扱うにあたって、規則に則っているだけでは不十分である。法律には違反していなくとも、一般常識や世論の感覚からすれば不快を与えてしまうような活用方法が存在しているためである。ビッグデータに携わる者は、知財部門や法務部門などともよく連携し正しく利活用することが求められている。

4.1.4 いろいろなデータタイプ

ここではIoT時代におけるビッグデータのデータタイプについて整理する。従来からの大きな変化の方向性として、以下の３つがあげらる。

(a) モノ自体が発するデータだけでなく、モノ周辺のコト(イベント、環境)やヒト(ユーザー、メンテナンサー)のデータが同時的に入手できるようになったこと。

(b) 顧客関係管理システム(CRM; Customer Relationship Management)や会計

システムといった社内のデータだけでなく、販売データやSNSやWebカメラなどの社外のデータが入手できるようになったこと。

(c) 統計的に集約されて数値や記号に変換された後のデータだけでなく、モノの稼働データやヒトの行動データ(つぶやき、脈拍)といった詳細な関連データが入手できるようになったこと。

データの発生源からデータタイプを分類すると、以下の3つに大別される。

(1) 装置・設備に関するデータ

温度、圧力、流量、電力使用量、位置、変位／摩耗、速度、加速度など、各種センサーで直接計測できるデータ。さらに、気象情報、制御パラメータ、運転時間、異常警告、停止理由、保守内容、雑草生育状況など、センサーからのデータと組み合わせたり、人手で目視確認して収集されたりするデータも含まれる。

これらのデータに対して直接的に期待される利用法は、装置や設備の効率や使い勝手をよくするための分析に使われることである。効率や使い勝手が良い装置・設備は従来品よりも付加価値が高く競争力が高い商品とすることができるからである。この応用として、収集したデータをサーバ上で監視し装置・設備の不具合を早期に発見したり、より良い使い方を指南するサービスが登場したりしている。ちなみに、そのようなサービスは装置・設備のメーカーが提供するのが一般的ではあるが、全く異なる業種から参入もあり得る。というのは、このようなサービスの提供には装置・設備を設計・製作する技術は必須ではなく、むしろ必要なのはネットワークやサーバ上での自動データ処理を構築する技術である。

製造装置・設備の分野では、これまでも稼働データを使って生産管理してきた。しかし、それは機器や生産ラインに閉じた制御であり、企業内でも工場をまたいだ制御というのはまれだった。今、Industrie4.0などで開発が進められているのは、企業間をまたいでデータをやりとりし、生産管理を最適化しようとする試みである。企業が相互にデータをやりとりすることで、それぞれがWin-Winになるような計画を立案できる時代になろうとしている。

(2) 人や集団に関するデータ

音声、映像、つぶやき、歩数／体温、所在値 (GPS; Global Positioning System)、IC カード利用履歴、Web 閲覧履歴、監視映像、会員リストなど、電子媒体から得られるデータ。さらに、診断情報 (電子カルテ)、趣味／嗜好など、データから推測されたり、人手で記録されたりして収集されるデータも含まれる。

生体に関するデータ（バイオデータ）は家畜などの管理目的や、研究目的で渡り鳥につけるようなケースを除けば、あまり例がなかった。この理由は、小さくなったとはいえセンサーが動作の邪魔になるくらいの大きさであったことと、移動体から連続的にデータを収集することはなかなか難しかったからである。また、人の生体情報について言えば倫理的な問題やプライバシーに関する問題もあり、一般には普及しにくかったといえる。しかし、例えば、健康診断などの目的で終日心電を記録したり、酷暑のプラント内での作業者に対し安全上の目的で位置を常時把握したりするなどの技術は存在していた。

これらの技術が一般に受け入れられるのが現在の状況であるといえる。その一端を担ったのはスマートフォンに代表されるモバイル端末であり、収集したデータをユーザーが意識することなくサーバに蓄積される仕組みである。必ずしもプライバシーや倫理観に変化があったわけではないが、日々蓄積される自身の活動状況が見える化される楽しみへの興味と健康状態を日々知ることができるという実益が、少なくとも一部の人々の間にとってはプライバシーを侵されるリスクと対比可能になった。このような状況は、ヘルスケア関連企業（病院、医療機器、製薬会社など）にとっては、新たな業界構造への変革の芽ともなりうるため、大きな関心を寄せている。また、マーケティング分野においては、人の嗜好などを把握できる可能性があり、品揃えや商品推薦での活用が期待されている。

(3) 企業や市場に関するデータ

取引履歴、契約、予実算管理、生産計画、在庫状況、各種ログ、業務規則など、多くは RDB(Relational Databased) や大量の文書として蓄積されたデータ、社外から入手した各種データ、それらに基づく予測データやシミュレーションデータも含まれる。

これらのデータに対して直接的に期待される利用法は、企業経営の高度化である。この分野では、早く正確に社内状況を把握し、同時にマーケットの状況を予測するために、努力がされて来た。そして、IoT を駆使し、収集できるデータの範囲を広げることで、より早く正確な把握、精度高い予測を実現し、企業経営のさらなる高度化を図ろうとしている。

次に、計算機処理の観点からビッグデータのデータタイプを分類する。

１つ目は構造化データである。情報処理の対象として扱いやすいため、IoT データでも多くの場合はなんらかの構造的なデータに変換していることが多い。装置・設備のデータは、センサーから定期的にサンプリングされた時系列データで、時刻とセンサーの ID をキーに構造化されることが多い。人や集団に関するデータでは、なんらかの事象が起きたときに記録されるデータ（イベント型データ）もよく見られる。時刻とセンサー（または、人や集団）の ID をキーに構造化されることが多い。特に RDB ではあらかじめ人手でデータフォーマットとデータモデルを明確に規定しているために、データの発生と消滅の意味が分かりやすく、その有効期間や再利用可能範囲が推測可能である。大量の構造化データを蓄積する基盤は「データウェアハウス」と呼ばれ、通常はそこから用途別の「データマート」を構築し、分析者はデータマートに対して BI(Business Intelligence) ツールや SQL(Structured Query Language) を使って縦横無尽にデータ分析する。

２つ目は非構造なデータである。例えばネット上の書き込みや設備・装置等の点検日誌、設計図面と言った文書や音声・画像などが該当する。多目的に利用する多様なデータに対しては、あらかじめ固定的なデータフォーマットやデータモデルが設計できず、日々新たな使い方が模索されている。このような用途のために、KVS(Key-Value Store) でデータ管理し、Hadoop などを用いて高速な分散処理を実現している。このような大量の非構造化データをも蓄積できる基盤は「データレイク」と呼ばれている。

非構造的なデータの処理はまだ技術的課題が多い。統計処理などのアルゴリズムを適用する場合には、非構造的データをある種の構造的なデータへ変換することになる。非構造的データの良いところは、作成者の意図・アイデアのような洞察が直接表現されていることである。これらの長所を両立させて扱えるようにすることはデータ処理技術上の課題となっている。

３つ目はストリームデータである。身近な例としては、インターネット上の動画が該当する。他にも、大量の端末から発せられる通信データや、装置・設備分野のセンサーデータや運転指示の制御データなどが該当する。ある一定の時間幅（「ウィンドウ」と呼ばれる）に含まれるデータの特徴を扱う領域では、急激な負荷上昇のリアルタイムな検知、スパイク的な信号への例外処理、変動のパターンに応じた処理先振り分けの高度化などの応用が考えられる。特にリアルタイム性が強く要求されるような応用領域では、多少の精度を犠牲にしてでも実時間内に間に合わせて対処 (運転制御など) すべきであり、すべてのデータを蓄積してから深い分析するのでは間に合わない。そのため、流れてくるデータを次々に処理（異常検知や判断分岐）できる基盤がある。CQL(Continuous Query Language) という SQL に似た検索言語を使う。ただし、処理のロジック作りのフェーズにおいて多くの過去データに基づく分析を伴う場合は上記 RDB や KVS と連携した分析を行うこともある。

４つ目は大規模なグラフ構造データである。グラフ構造データとは、ノード（頂点）とエッジ（枝）を要素とし、ノード間の接続関係を表現したデータ構造である。エッジに向きが定義されている（表現上は矢印を使うことが多い）有向グラフと向きが定義されていない無向グラフの２種類がある。**図4-2** は有向グラフの例である。例えば「論文 A」←「論文 B」は論文 A が論文 B から参考文献として参照されていることを示している。この図をみると論文 A がオリジナル論文であ

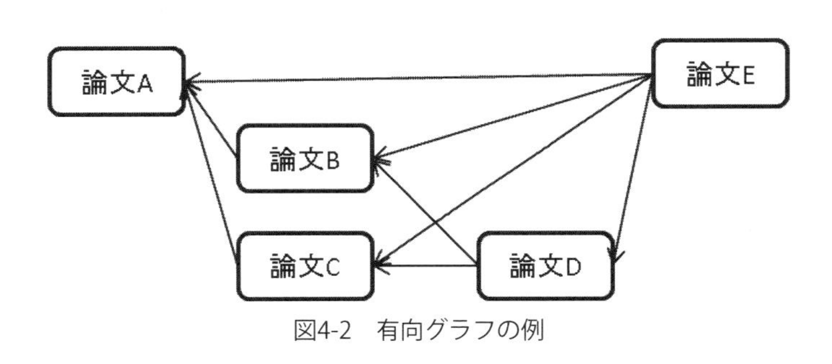

図4-2　有向グラフの例

り、論文Eがサーベイ論文であることが推定できる。

グラフ構造データは従来から図形処理（例えば、CAD（Computer Aided Design）の内部表現）や論文等の参考文献の引用関係で使われていたが、近年ではインターネットのページ間のリンク関係や人と人の知り合い関係、産業分野では組み立て部品の接続関係などの表現に使われ、かつ規模が非常に大きくなってきている。

グラフ構造データはグラフ理論と呼ばれる理論のもとで、アルゴリズムも従来から良く知られたものが存在する。しかし、ノードやエッジのサイズが大きくなるに従って、急激に処理時間が大きくなり、従来は実用的な適用が困難であった。ビッグデータ処理技術はこの状況を変えつつある。通常、ノード間の関係を示すエッジが大量に含まれる密なグラフ構造データでは、爆発数的な組み合わせ処理が必要になってくる。一方で、ソーシャルネットのようにノードの数にくらべてエッジの数が比較的少ない場合、例えば、人口が数十億人いたとしても知り合いの関係であるのはそれら全員ではなくて数百～千人規模であるような場合、各個人をノード、知り合い関係をエッジとして表現すると疎なグラフ構造データとなり、行列演算よりもグラフ演算を用いた方が比較的に効率的になる。

大規模なグラフ構造データの処理を行うためには、特別なアーキテクチャが必要とされているが、現在、多くの機関で研究開発がされている。

4.2. ビッグデータの分析概説

この節では、まず、ビッグデータの分析を行う一般的なプロセスについて概説する。次に、そのプロセスの中でも特に注意を要する、目的の明確化、前処理について説明し、最後に、分析結果の現実への適用について述べる。

4.2.1 分析プロセスの流れ

環境の変化に対応した改善や制御を行うために、業務プロセスや制御プロセスは、通常、循環する構造、すなわち、繰り返しサイクルやフィードバックループでモデル化される。代表的なモデルとしては、Plan → Do → Check → Action → Plan →…（PDCAサイクル）、計測→判別→計画→制御→計測→…、といったものがある。分析は、PDCAサイクルを実施する中で毎回分析し予測式を作り直したり、説明変数自体を交換したりするケースや、サイクルを構築するときに初回だけ行い、後は分析結果のパラメータや判別式を使い続けるケースがある。前者のケースは環境の変化が激しく過去に分析した結果がすぐに陳腐化してしまう場合に向く。後者のケースは分析結果(判別式等)を作るために用いるデータは膨大だが、日々の運用（判別の実施など）に使うデータは比較的少量の場合に向く。いずれにせよ、プロセスの実施およびプロセスの構築のどこかのフェーズで、データを入力とし、何らかの数理・統計的な知見（式や値）を得るという分析のサブプロセスが組み込まれている。

一般的な分析の流れについてCRISP-DM(CRoss-Industry Standard Process for Data Mining)をベースに説明する[1]。CRISP-DMはもともとデータマイニングの作業プロセスの記述を標準化するために策定されたものであるが、フレームワークとしてはビッグデータの分析にも使える。記述を標準化する理由はいくつかあるが、分析ツール間で作業プロセスを交換可能とすることで作業性を良くする意図がある。他にも、企業内での分析作業プロセスのノウハウを蓄積することや、作業指示を円滑に行うなどの効果が考えられる。

分析作業の順序は概ね以下の順序に従うが、一部、並行/逆転や繰り返しが必要な場合もあり、実際の分析プロジェクトでは各種要件に合わせて適宜カスタマイズしながらWBS(Work Breakdown Structure)を策定する。**図4-3**は、CRISP-DMによる分析プロセスをベースとして一部作業の繰り返しループを追加することで、カスタマイズしたプロセスの概要である。

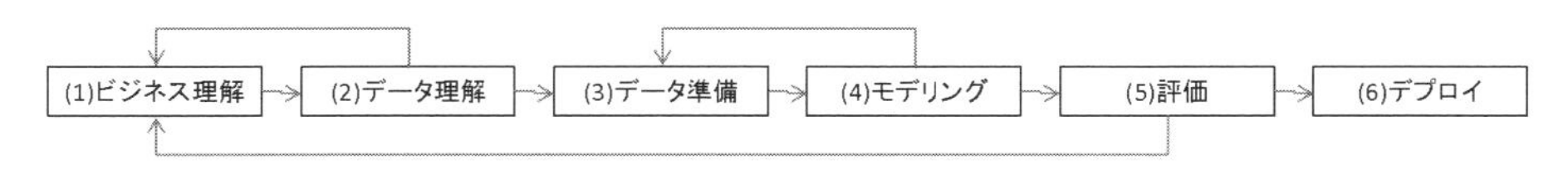

図4-3　CRISP-DMによる分析プロセスをベースとした流れのカスタマイズ

(1) ビジネス理解

まず、ビジネスの背景、目的、成功基準を明確化する。分析の目的や、分析結果の利用はビジネスの成功に資するものとして位置付ける。次に、ノウハウやデータ活用状況といった利用できるリソース、分析を実施する際の前提条件、コストや利益やリスクを確認する。必要であれば、リソースの増強、リスクへの対策立案などを行う。そして、分析の問題を数理・統計の問題を解く作業だとして捉え、その作業のゴールと成功基準を明確化する。最後に、実際にプロジェクト（体制、スケジュール、費用など）を組み立てる。

(2) データ理解

初回データや辞書 (データの定義・説明書) を収集する。データの属性、分量、品質が (1) のビジネス理解のプロセスで明確化した目的や成功基準に合致するかを確認する。欠損がないかどうか、前処理が必要かどうかを検討する。また、ヒストグラムによって粗くデータの特徴を可視化し、想定と合っているか確認する。この段階で、(1) のビジネス理解のプロセスで明確化した目的や成功基準に合致させることが難しいのであれば、作業を中止し、「ビジネス理解」を再検討する必要がある。合致しているのであれば、引き続き、必要なデータの追加収集や、辞書の整備をしてゆく。

(3) データ準備

分析対象としてどのデータの範囲までを含めるかを決める。データクレンジング（名寄せ、修正など)、表の統合、データフォーマット変換、を行う。必要に応じ、修正要領基準や正規化データモデルの策定なども行う。

(4) モデリング

分析の手法を選択する (第 4.4 節で述べる)。次に、分析結果の検証方法を決める。例えば、データをあらかじめ学習用と検証用に分けておく。そして、実際に分析を行い、分析結果を得る。例えば、相関分析を行う場合、相関を表す関係式と相関係数の値という分析結果（分析モデル）が得られる。あらかじめ決めた検証方法に従い、分析モデルを検証する。目標とする精度が十分に得られていない場合や、より詳細な条件での把握を必要とする場合は、(4) のモデリングのプロセスの初めに戻って、分析対象のデータの範囲を変更、および分析の手法やその設定パラメータを変更し、分析を繰り返す。

(5) 評価

(1) のビジネス理解のプロセスで明確化したビジネス上の目的や成功基準に照らし合わせて、分析結果が効果 (価値) があるか評価する。つまり、(3) ～ (4) の進め方が適切であかどうかレビューする。目的や成功基準に合致していれば、(6) のデプロイ（deploy）* のプロセスに進むが、そうでなければまた (1) のビジネス理解のプロセスを再検討する必要がある。

(6) デプロイ

分析結果が効果を出している場合に、それを日々の業務やシステムにどう反映させるかを検討する。反映させた後、実際に運用し、効果計測を行い、必要に応じて修正を計画し、実行する。最終的な成果報告を実施し、文書として残す。

---

* デプロイ（deploy）とは、主にネットワークを通じて提供される web アプリケーションなどのシステム開発工程において、システムを利用可能な状態にすることである。元々、配置する、展開するといった意味。

4.2.2　目的の明確化の重要性

ビジネスの目的が重要である。ビジネスの目的を達成するための一工程として分析が存在する。分析の目的が明確になって初めて、分析対象のデータ、その範囲や精度、分析手段が決まり、さらにその後で実際のデータ収集が行われるべきである。しかし、この方法とは逆向きに進めているプロジェクトがある。それは、既に手元に何らかのデータが集まっているので、そのデータで何か見つからないかと分析をし、うまい結果が見つからないとデータの範囲や分析手段を変えてみて、特徴らしき分析結果が見つかってから、分析の目的を定義し、ビジネスへの活用策を考えていこうという進め方である。しかし、この進め方によって短期にビジネスの改善に直結する成果が上がることはない。確かに、アタリをつけるために、早い段階でデータを見るということはある。しかし、それは分析の目的を定めるために行うのではなくて、分析対象のデータが分析の目的に合う範囲や精度を有しているかどうかを見ているのであって、漠然と何か無いかと宝探しをしているのではない。

分析の目的が明確になると、必要なデータの仕様がおおよそ決まる。すなわち、データの中に混在している信号の成分、データ収集されるべき頻度 (サンプリングレート)、分量などの仕様が決まる。例えば、分析の目的が機器の故障の原因の究明であった場合、故障前後のデータ、特に、機器の可動部分の具合いを示す振動や出力品質のデータ、しかも、それらの物理量が意味のある頻度で計測する必要がある。そもそも何が故障の原因かわからずに分析を始めなければならないので、結果的には不要な計測データであっても収集して分析してみなければならない状況ではある。しかし、そのような場合であっても、分析の目的が明確になっていればいるほど、無数のデータの可能性の中から構造的や物理的に排除しうる優先順位の低いものが見極められるので、組み合わせ爆発的な量の分析作業を回避することができることになる。

4.2.3 分析処理における前処理のインパクト

各種のシステムやセンサーから収集されたデータは、分析を始める前にデータを整えたり、説明変数の選定や合成 (分割) をする「前処理」が必要である。特に、元のシステムやセンサーの主目的とは異なる目的で利用する場合や、複数の異なる目的のシステムのデータを統合して利用するときには注意が必要である。

データを整える作業にはさまざまなものがある。例えば、データの前提条件が同一である部分のみに絞る (例えば、データをマージする場合に共通集合の部分しか使えないなどのケース)、データの単位を合わせる (データのスケール (基準) を合わせる)、名寄せする (対象が同じはずのデータを同じ名称 (ID) に統一する)、時刻を合わせる (データ計測時刻なのか、データ受信時刻なのか、システムの仕様、分析の目的を勘案する必要がある)、データが欠損している場合に補完する (または、そのデータレコードそのものを削除する)、データの中に不自然な値 (「外れ値」と呼ぶ) が含まれている場合にこれを取り除くのかどうか判断するというものがある。各作業では、その修正の考え方と修正方法を明確にし、分析の前提条件として記録を残す必要がある。この記録は、データが追加される時や、後で分析方法をレビュー時に使われるほか、業務システムとして構築するときの仕様にもなる。データの整形加工作業自体は、ETL(Extract, Transform and Load) ツールを使う。最近のETLツールは、整形加工のルールやフローをビジュアルに設計・保存・再利用できて便利である。

説明変数の選定や合成の作業は、変数の数を減らしたり、分析の精度を上げるための作業であるが、分析者のノウハウに頼るところが大きい。なお、変数の数が少ない方が、分析結果の把握が容易になり、分析作業の工数が節約できるので、一般的には減らした方がよい。

分析のモデル（例えば、回帰式y=ax+b）を作る場合に、もっとも単純には、データの列(カラム)を説明変数(x)とする。しかし、xとなる候補の列がたくさんある場合、どれを説明変数としたらよいのか選定したり、あるいは、複数の列のデータを演算した合成変数を説明変数としたりすることになる。

例えば、同じセンサーを並列に並べて計測する場合、それらから似たようなデータが取得されるが、分析の目的によってはこれらの中から1つのデータの列を選択して説明変数として用いたり、平均をとった合成変数を説明変数として用いれば済む場合がある。あるいは、左右対称で稼働している装置に左右それぞれからセンサーデータが挙がってくる状況下で、一方が故障したかどうかを検出するには左右のセンサーデータを引き算をした合成変数が説明変数として役に立つ。

以上のケースでは、ケースでは、センサーが物理的にどう配置されているか、データがどのように取得されたかが既知なので変数の選択や合成が可能なのである。

もし現場の知識が利用できない場合は、純粋に統計的な方法を使うこともある。例えば、次元(ランク)を下げる効果のある主成分分析や、回帰分析においてどの変数が有効なのかを一つずつ増減させるStepwise法などを使って変数の数を下げる。

説明変数の分割の作業は、分析の問題が条件分けが必要なくらい複雑であったり、データの分布が正規分布のような単峰性ではない場合に実施する。例えば、もし分布が多峰性がであれば、条件分けして複数の単峰性となる変数に分割してから分析する。

前処理の具体的な作業は4.4節で説明する。

4.2.4 分析作業のプロジェクト化

分析作業の中でも前処理は地道な作業であり、手間もかかる。何よりもデータが大規模であると処理時間がかかるうえに試行を繰り返すような処理があり、予想以上に忍耐が必要である。従って、前処理は分析作業を組織的に進める上で重要な工程であるといえる。

手間がかかる理由の一つは、入力データがさまざまであり、自動化することが難しいからである。また、データ選択や特徴量の生成処理も一般化が難しく、作業者のスキルに大きく依存する。それだけに、経験のある少数のデータサイエンティストが過分に仕事を背負ってしまうことになりがちである。このような状態をあらかじめ避け、分析作業の全体を効率化する上でもプロジェクト化が必要である。前処理の個々の作業プロセスについて手順の標準化をすすめ、それをさらにブレークダウンし、精度よく工数を見積もれるようになることで、業務に組み込むことができる。そして、作業の標準化をすすめることで、ノウハウの蓄積や継承も可能になってくる。

分析のプロジェクトを効率的に進めるに当たっては、統計分析のためのツールを統一することも有効である。代表的なものとしてR言語がある[3]。OSSであることに加えて世界中で使用されており、使い方を指南する書籍も多くあることが強みである。基本的には処理手順をスクリプトに書いて実行する形態であるが、この環境もOSSでいくつか用意されている。

R言語は統計処理に重きがおかれているため、統計処理は簡潔に書けるが、一般的なプログラム言語とやや異なる処理フローになる。通常のプログラム言語ではPython[4]等スクリプト言語が使われることが多い。Pythonは数値処理のパッケージが用意されており、R言語と同様、使用者が多く関連書籍も手に入りやすい。

商用の統計分析ソフトウェアとしては、IBM社のSPSSや、SAS Institute社のSASなどがある。これらの統計分析ソフトの利点はグラフ表示やアルゴリズム適用がビジュアル操作で可能であり操作が比較的簡単である。

ビッグデータの処理では、中心となる分析処理の前に前処理が必要になる。前処理や可視化などの後処理も含めた処理フローにおいて試行錯誤や類似のデータ処理を何度も実行する場合は、ETL（Extract Transform Load）の利用が便利である。一般的なETLツールは処理をノードとし処理順序をエッジでつなぐことで表現するビジュアルツールになっている。KNIMEやPentahoといったOSSのツールがある[5][6]。また商用ソフトでは、すでに紹介した統計分析ソフトウェアSPSSにも同様の機能が実装されている。

ETLツールは組み込まれたアルゴリズムのほかに、R言語やPythonなどを組み合わせられるため、処理の自由度は高く、使いやすい。また、ETLツールによっては大量データの分散処理のためにHadoopなどを組み合わせながら分析作業を行うことができる。なお、分析で使う計算機基盤は、分析アルゴリズムの並列化が可能な場合、スケールアウト型のアーキテクチャで対処する。総当たりの組み合わせが必要な計算の場合は、スケールアップ型のアーキテクチャが向く。この場合、テラバイト級のメモリを積んで分析することもよく行われている。ちなみに、分析結果（分析モデル）をアプリケーションなどに組み込んで業務運用するときの計算機基盤は、業務要件によっては、例えば、リアルタイムで判別処理する必要性があるなど、分析で使う計算機基盤とは性能仕様が異なるのが普通である。

4.2.5 現実への適用

分析した結果を現実世界で活用する方法は、単純な一回限りの施策（故障部品の交換など）のほかに、再発防止や省力化（自動化）に向けて業務プロセスの改善や、業務システムへ組み込むことなどが挙げられる。分析を行った一連の行為を振り返ることで、どのような前提条件でどのようなデータを収集し、前処理し、分析モデルを使って何が出力(判別や予測)されるかが明確になる。一旦、これらのデータ処理過程が明示的に形式知化されると、それを順次改善していくことが次の目標になり、徐々に最適な業務に近づいてゆくことを期待できる。また、このデータ処理過程は、一部は人の作業として残るかもしれないが、計算機に実装できる部分も多く、省力化やレスポンス性能の向上に役に立つ。そして、最終的には、第4.1.2項で述べたようなビッグデータの利活用による恩恵を手に入れることができるであろう。

4.3. ビッグデータの分析手法

本節では、IoTからのデータを活用しようとするときに実際によく使う分析手法を説明する。特に、処理結果の持つ意味や、適用上の注意点を中心に記載する。なお、分析手法の詳細や実装プログラムについては、既に数多くの文書が書籍やWebで入手できるため、そちらを参考にして欲しい[7][8][9]。

4.3.1 データに関する単語の定義

手法の説明を進めるにあたって、いくつか言葉の定義をしておく。特に、「データ」という単語はデータを構成する要素や、その集合としての全体を意味するなど、いろいろな意味を持っている。そこで、以下では説明の曖昧さを避けるため**図4-4**に示す用語を使用する。

まず、全体を「データセット」と呼ぶ。ここでは「配管」というデータセット名である。データセットを構成している値を「データ要素」と呼ぶ。データ要素は「変数」ごとにまとめられて「データ列」を構成する。例えば「入口温度T1」は変数の名前である。

そして、その下に続くデータ要素が「データ列」であり、入口温度の（おそらく観測によって取得した）値が並んでいる。（必ずしも列で並べる必要は無いが、慣習的に縦に並べて表現することが多い）。

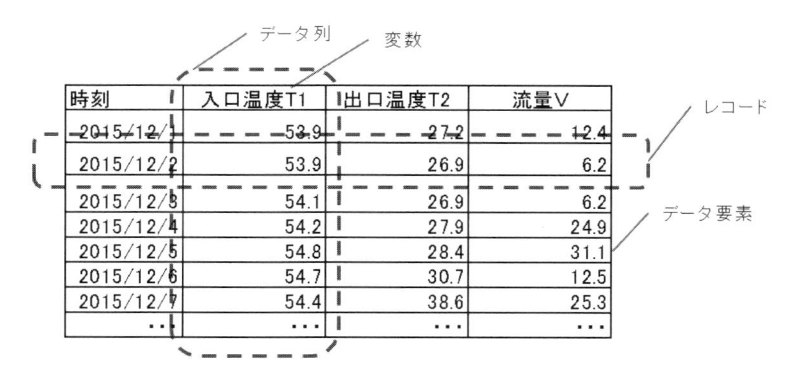

時刻	入口温度T1	出口温度T2	流量V
2015/12/1	53.9	27.2	12.4
2015/12/2	53.9	26.9	6.2
2015/12/3	54.1	26.9	6.2
2015/12/4	54.2	27.9	24.9
2015/12/5	54.8	28.4	31.1
2015/12/6	54.7	30.7	12.5
2015/12/7	54.4	38.6	25.3
...	...	...	...

図4-4　データに関する単語の定義

異なる変数のデータ要素が「同時刻に取得したデータ」などの対応関係を持つとき、この集まりを「レコード」と呼ぶ。**図4-4**では、ある時刻に取得された入口温度と出口温度と流量のデータ要素からなる一つの行が1つのレコードである。

4.3.2　相関分析

相関分析は2つの異なるデータ列の組について、どの程度相関しているかの度合いを示す相関係数を求めることである。相関係数は、共分散をデータ列それぞれの標準偏差で割った値であり、データ列同士の連動性を－１～＋１の値で数値化される。相関係数の絶対値が1に近い場合を強い相関、0に近い場合を弱い相関を示す。相関係数が正の値の場合、一方のデータ列が大きい値を取るときに他方のデータ列も大きい値となりやすいという正の相関を表す。相関係数が負の値の場合、一方のデータ列が大きい値を取るときに他方のデータ列は小さい値となりやすいという負の相関を表す。

表4-1はデータセット「配管」の変数同士の相関係数の総当たり表である。相関係数について注意すべきことの1つに、変数間の相関が強いことをもって因果関係があると判定してはいけない、ということである。ただし、強い相関は因果関係を見つけるきっかけにはなる。そこで、**表4-1**のように、データセットから任意のデータ列2つの組を取り出して、網羅的に相関分析をすることで、強い相関を抽出する。その後で、変数間の物理的な関係を人が考察し「想定外」の関連をみつける。このような手法がデータマイニングではよく使われる。**表4-1**では変数が少ないが、マーケティングや機器設備一式の変数になると計算機による網羅的な探索が有効である。

データ列の性質を把握するには平均や分散といった基礎統計量を用いるが、デ

表4-1　データセット「配管」の相関係数表

	入口温度T1	出口温度T2	流量V
入口温度T1	1	0.38	0.62
出口温度T2		1	0.43
流量V			1

ータセットの性質を確認するには相関分析が使える。特に強い相関にある変数の組については注意が必要である。変数間にかなり強い相関があるということは、２つのデータ列が冗長であることを意味しており、これらが含まれるとうまく動作しない分析手法がある。IoT のデータはフィールドデータなので、相関係数が１になることは無いが、それに近い相関係数になることはあり得る。分析作業をする上で注意が必要である。

さらに、弱い相関のデータ列も確認しておくとよい。物理的な関係が全く無いば、分析手法によっては取り除いても構わない。これにより、分析の手間を減らしたり、余計なノイズを減らしたりすることが出来る。

4.3.3　決定木分析

決定木分析は複数のデータ列からなるデータセットにおいて、１つのデータ列を目的変数とし、他のデータ列を説明変数としたとき、目的変数を分類する説明変数の条件を階層的に得るものである。階層型クラスタリングの代表的手法である。

結果は得られた条件ごとに枝分かれする樹状に表現することができる。**図4-5**は、データセット「配管劣化」の変数「状態」を目的変数とし、他の変数を説明変数として決定木分析をしており、右の樹状図が結果である。

この決定木はクロス集計（表計算ソフトで絞り込み検索を繰り返す手動の分析）の考え方に似ており、結果の理解がしやすい。そのため、よく使われる分析手法

入口温度T1	出口温度T2	流量V	状態
53.9	27.2	12.4	a
53.9	26.9	6.2	b
54.1	26.9	6.2	a
54.2	27.9	24.9	b
54.8	28.4	31.1	b
54.7	30.7	12.5	a
54.4	38.6	25.3	b

データセット「配管劣化」

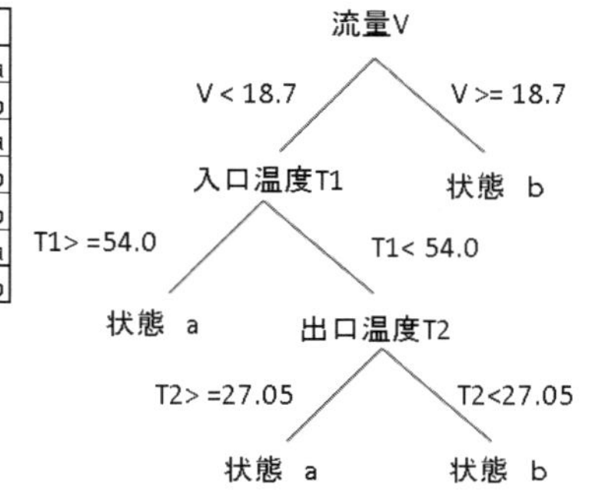

図4-5　決定木分析

の１つである。しかし、決定木分析の条件分岐では、導き出した閾値で目的変数が完全に分離されるわけではない。例えば、一番初めの枝分かれである「流量Ｖ」では、右へ分かれた集合はすべて「状態ｂ」であったが、左の集合は「状態ａ」「状態ｂ」が混ざっている。

分類の「良さ」に関し、上の例でいえば右側集合、左側集合におけるａ、ｂの純度を指標として用いて、条件分離ごとに指標が最大になるような条件が設定される。純度の指標はジニ係数、エントロピーなど複数ある。２、３試して目的に合致する指標を選べばよい。

ビッグデータ分析での用法として例えば、あらかじめ既存のデータを使って決定木をつくっておき、新しいレコードが来た場合に説明変数のデータ要素から目的変数を推測するという用法がある。データセット「配管劣化」を例にとると、「入口温度Ｔ1」「出口温度Ｔ2」「流量Ｖ」が計測されたとき、「状態」を予測するといった使い方をする。

4.3.4 k-means 法

k-means 法は、データを任意の数のクラスタに分類する手法である。非階層型クラスタリングの代表的な手法であり、結果は各レコードに対して、何番目のクラスタに割り当てられたかがラベルされる。

入口温度T1	出口温度T2	流量V
53.9	27.2	12.4
53.9	26.9	6.2
54.1	26.9	6.2
54.2	27.9	24.9
54.8	28.4	31.1
54.7	30.7	12.5
54.4	38.6	25.3

データセット「配管」

クラスタ番号
1
1
1
2
2
1
2

クラスタ結果

	入口温度T1	出口温度T2	流量V
クラスタ 1	54.2	27.9	9.33
クラスタ 2	54.5	31.6	27.1

クラスタ中心

図4-6　k-means法による分類

図4-6 は前節と同じデータセット「配管劣化」に対し、k-means 法によって２つにクラスタリングした結果である。それぞれのレコードにはクラスタ番号「１」「２」が割り当てられている。

k-means 法ではクラスタの数を分析前に決めておく必要がある。しかし、予めいくつのクラスタに分ければ適切なのかを分かっているケースは少ない。適切なクラスタの数は分析作業の目的によるので、いくつか試してみる必要がある。

また、k-means 法のアルゴリズムでは開始時点でクラスタの中心を仮置きする。そのため、クラスタリングの結果は、仮置きしたクラスタの中心の初期値に依存している。実用上は、クラスタの数に対してデータ数が充分多ければ結果が大きく変わることはないが、2、3 回手法を適用してみて結果を比較するのがよい。

ビッグデータ分野における用法は、決定木と同様で既存のデータを使ってクラスタ群をつくっておき、新しいレコードが得られたときに、どのクラスタに分類されるかを推測するときなどに使われる。

4.3.5 線形回帰分析

線形回帰分析は、データセットの変数の 1 つを目的変数とし、他の変数を説明変数として推計する関数を求める手法である。このようにして得られた関数に説明変数の値を代入することで、目的変数の値を予測することが出来る。

線形回帰分析では（式 1 ）に表現されるようなモデルを仮定し、与えられたデータと推計値の二乗和が最小になるように係数を解析的に求める（最小二乗法）。線形回帰分析はほとんどの統計処理ソフトに実装されているので、これを使えばよい。

$$Y = a_0 + a_1 \times X_1 + a_2 \times X_2 + a_3 \times X_3 + \cdots \quad （式 1 ）$$

入口温度T1	出口温度T2	流量V	劣化度D
53.9	27.2	12.4	45
53.9	26.9	6.2	11
54.1	26.9	6.2	32
54.2	27.9	24.9	18
54.8	28.4	31.1	19
54.7	30.7	12.5	38
54.4	38.6	25.3	23

データセット「配管劣化2」

予測値D'
25.6
29.3
31.0
20.6
22.0
33.0
24.5

推計値

劣化度＝（-421.0）+ 8.3×Tl+0.23×T2+（-0.6）×V

図4-7　線形回帰分析

なお、数学的には、Xiの一次式である必要は無いが、実用上は（式１）の形で用いることが多い。変数の性質上、Xiの二乗や、関数変換した値が目的変数Ｙに効くことが予め分かっている場合はそれに応じた式を用いる。

例として、次のデータセット「配管劣化２」を用いた線形回帰分析を**図4-7**に示す。

説明変数が多い場合は、必要以上に目的変数のばらつきを拾って係数が大きくなる過学習が起きることがある。分析の対象としている問題を考慮した時、関係の薄い変数が、関数内で大きな影響をもつのは好ましくない。これを防ぐには、あらかじめ関連が無いとみなせる変数を除外しておくなどの対策をとる。

ただし、IoTで取得したビッグデータから「予想外」の結果を得ることを期待することも多いだろう。注目していなかった変数が実は影響を与えていたということを発見するのはビッグデータ分析の目的の１つある。その場合は、どの変数を削除するのかの判断が難しい。そこで、係数の大きさが過度に大きくなることを防ぐ手法としてLasso回帰、Ridge回帰という手法があるので適用を検討するのが有効である。係数の大きさが、最小二乗法の距離計算において罰則項になるよう作用するようになっている。いずれの手法でもどれくらい罰則を強く与えるかは、手法のパラメータとなっており、その決定には試行錯誤が必要である。

4.3.6　ベイジアンネットワーク

ベイジアンネットワークは、複数の変数間の依存関係をネットワーク構造として表現し、その間の依存関係を確率として表現するモデルである。ベイジアンネットワークではまず、変数間の依存関係を有向グラフとして表現する。その上で、既存のデータから条件付確率を計算しモデルを学習する。モデルが構築されれば、計測などで得られた変数から、計測していない変数の値を確率分布の形で予測することができる。**図4-8**に依存関係グラフの例を示す。 矢印の先が子ノード、元を親ノードと呼ぶ。子ノードが親ノードの値に依存すると考え条件付確率が計算される。

ベイジアンネットワークで大事なのは事前に依存関係のグラフを作ることである。そのためには、分析対象とする問題をよく知る専門家の助けが必要になってくる。仮に予測の精度が悪い場合は、作成した依存関係が妥当でないことも考えられる。この場合は依存関係の見直しをしなければならない。

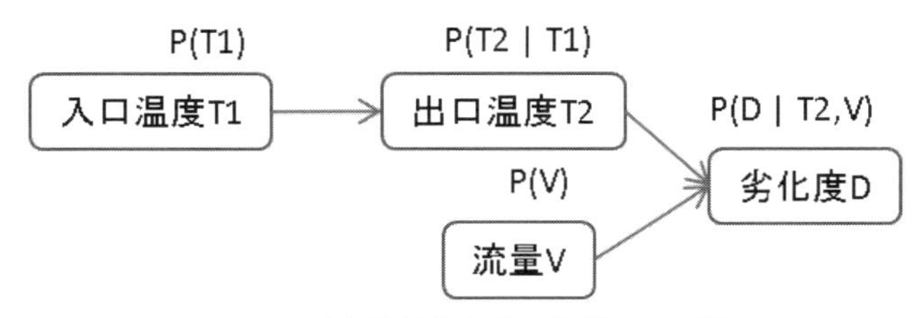

図4-8　依存関係を表す有向グラフの例

ベイジアンネットワークが扱うのは離散値であることにも注意しておきたい。そのため変数が連続値をとる場合でも、内部的には不連続な確率分布になっている。従って、充分なデータ数が無いと妥当な確率計算ができず、よいモデルが出来ない。ヒストグラムを使い、各区間に充分なデータが割り当てられそうか確認する。

4.4.　分析問題と手法選択

ビッグデータ分析ではどんな問題が扱えて、どんな手法を使えばよいのかについて紹介する。ここでは、比較的応用範囲が広いと思われる4つの問題（状態判別問題、将来予測問題、原因究明問題、分類問題）について説明する。また、正確には「問題」ではないが、分析作業のたびに必要になり、実践上は手間もかかる前処理と見える化についても述べる。

4.4.1　状態判別問題

対象物がある状態にあるか否かを判定するのが状態判別問題である。判別したい状態をデータの範囲で設定し、その範囲にあるかどうかを判定する。例えば、機械加工品の不良品判定や機器設備の異常検知があげられる[10]。

ここでは、IoTのアプリケーションとしてニーズの多い機器異常検知を取り上げ、詳述する。機器異常検知のもっとも単純な手法は閾値を用いた手法である。従来から対象機器にセンサーを取り付け、その値が許容する閾値の範囲内にあるかどうかをチェックすることはよく行われてきた。また2つのセンサ値ーを散布図にプロットすることで、視覚的に異常を検知する手法もよく使われている。

閾値を用いた手法の問題は、閾値の適切な値の設定が困難であること、少数の（通常は1つの）センサーによる検知であるために全体を見ていないことが上げられる。閾値は多くの場合、**図4-9** に示すように、対象設備を保護する目的での「警告」か、故障で停止に至る前の「注意」の2段階、またはどちらかで設定されている。保全作業という意味では、「警告」が出たときは手遅れであり、頻繁に出る「注意」には誤報も含まれるため狼少年のように信頼されないことが多い。

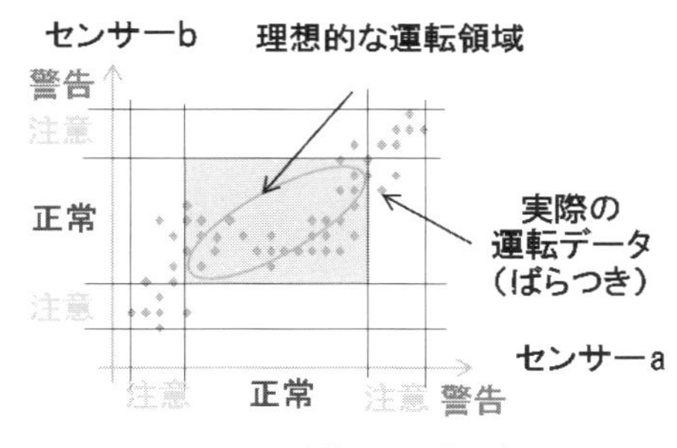

図4-9　2種類の閾値設定

それに対して、ビッグデータ分析を使う利点は、多数のセンサー値を同時に考慮することが出来ることである。多数のセンサー値を同時に考慮することで、複雑な状態を統計的に処理することが出来て判定精度がよくなる。

使用する分析手法の一つとして MT（マハラノビス・タグチ）法があげられる。MT 法では学習フェーズと判定フェーズの2つがある。まず、機器が問題なく動いている場合を「正常」とし、そのときの稼働データを元に、正常範囲を学習する。その後、判定したいデータと正常範囲との距離を計算し、その値で状態判別する。**図4-10** ではセンサーが2つの場合における MT 法の考え方を右側の図に模式的に表した。

図4-10 の左側の図は従来方式を示する。図に示した位置にある判定対象が計測された場合、従来方式ではセンサーＡでもセンサーＢでも閾値内に納まってい

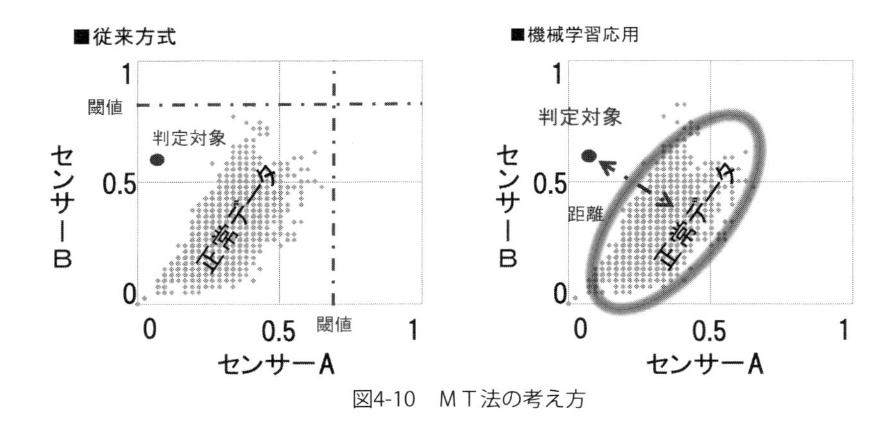

図4-10　ＭＴ法の考え方

るのでアラームは出ない。しかし、正常データの分布からは外れている。一方、右側ではグレーの楕円で囲った範囲を正常データと定義すれば、同じ判定対象が異常データであると判定される。

このように、機械学習を使った検知手法では検知精度をよくする事ができる。また、正常稼働時の分布からのずれを使って判定するため、特定の故障モードに依存した検知手法にはならない。原理的には、発生したことのない故障モードでも検知できる可能性がある。

さらに、正常分布との距離を出力するため、異常を定量的に捉えることができる。異常度合いが小さければ点検回数を増やす程度の対応に限定し、異常度合いが大きければ修繕を検討するといった、対応が可能である。

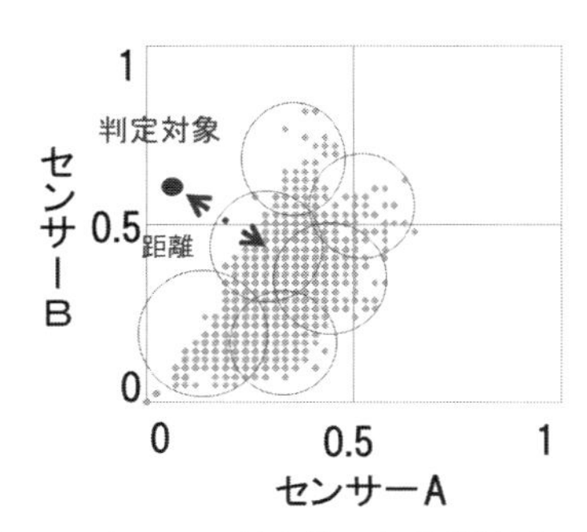

図4-11　k-means法を使った異常検知の考え方

分析手法で正常稼働時のデータ分布をカバーするにはMT法以外のものも応用できる。例えば、**図4-11**に模式図を示したようにk-means法を使ってクラスタ中心を求めた後、適切な半径を設定すれば、カバーすることが出来る。この場合は、各中心から判定対象までの距離を計算し判定することになる。

決定木を応用することも可能である。4.3.3節の決定木（**図4-5**）で述べたデータセット「配管劣化」の「状態変数」を正常/異常状態と読みかえればよい。まず、既存データで「正常/異常」を目的変数として決定木を構築する。これが学習フェーズである。出来た決定木について判定対象のデータを使って決定木をたどっていくと、「正常/異常」の推定ができる。これが判定フェーズになる。ただし、決定木を使う場合は、異常が発生したときのデータが学習のために必要であることと、発生時の故障モードにしか対応できないという欠点がある。

実際にはケースに応じて考えるべき課題は多い。以下に代表的な2つを挙げる。

(a) 使うべき変数・センサー値の選択

ビッグデータといえども変数・センサー値が多ければよいわけではなく、却って判別のノイズになってしまうものもある。精度のよい判別結果を得るには、変数やセンサー値を選択する必要がある。

(b) センサー値から特徴量への変換

判別したい課題によっては、センサー値をそのまま使うより特徴量に変換した方がよいものがある。たとえば、振動値はFFT(Fast Fourier Transform)により周波数軸に変換して用いたほうがよいことが多い。

4.4.2　将来予測問題

将来予測問題は、過去の観測データを使って未来の値を推定する問題である。過去のデータからトレンドを関数として表現し、外挿することで将来を推定する。（内挿すれば測定点間の未観測の値も推定できる。）トレンドを表現する関数の変数に時間が含まれれば時間軸での将来予測となるが、気温や位置情報、在庫量など時間軸に沿って変化する量が観測可能であれば応用できる。その場合、同じような条件が発生した時の将来値を予測あるいは、ある変数が仮により大きく(または小さく)なったとしたときのトレンドを推定する使い方となる。

例えば、機器の磨耗量は稼働時間に比例すると推測されるが、それに加えて使用状況（温度や湿度などの雰囲気、動作モードなどの制御データ）を考慮すると予測精度を向上させることができる。また、1日の電力消費量を気温と時間から予測、地図情報と時間から渋滞を予測、天候からレストラン等の来店客数を予測などの利用方法がある。

直接観測が困難な量や将来値を予測することができれば、物的、人的、時間的リソース配分を効率化することが可能になる。磨耗量であれば、寿命を見積もり効率的な予知保全が可能になるし、マーケティング分野では在庫量や人材配置やスケジュールを改善できる。

分析手法としては、線形回帰分析を用いる。予測したい変数を目的変数とし、目的変数に影響を与える変数を説明変数として、線形回帰分析を行う。磨耗量を例にとると、機器の磨耗量が目的変数であり、稼働時間や使用状況が説明変数となる。

線形回帰分析は従来からよく使われているが、ビッグデータ分析技術が発展し、多数の説明変数を比較的簡単に扱えるようになった。そのため、従来は関連がないと考えられていた説明変数と目的変数の間に、新たに強い相関を見つけることもある。マーケティングにおける売上のような、顧客の嗜好や客層のように多様な要素を持つ事象は、従来では目的変数と説明変数の「因果」はベテランの経験から導き出されることが多かった。

ビッグデータ分析では、先入観が入りこまず、定量的に関連性を導くことができるという期待がある。しかし、ビッグデータで見つかるのはあくまでも関連性であって、因果関係の有無ではない。因果関係の有無は専門家の判断に依らなければならない。

機器・設備のように動作や現象が物理的に説明可能な対象では、説明変数と目的変数の間の関係は予想された範囲に納まることが多い。不具合などは使用状況に依存することが多く因果関係が解明されていないことが多いが、稼働データの値から将来値を確率的に予測できる。

4.4.3 原因究明問題

ある変数が変化した要因を、発生に至る過去データから明らかにすることが原因究明問題である。変化要因を知りたい変数を目的変数、要因の可能性高い変数を説明変数として、発生前後での変化を分析する。

例えば、生産工程における歩留まり低下の原因や、どんな顧客に商品が売れるのか購買層の特徴分析などが該当する。歩留まり低下の原因が明らかになれば、その原因を取り除くような行動がとれるし、購買層の特徴が分かれば効果的な広告を打つことができる。このように、原因究明ができると、多くの場合直接の行動につなげることができる。

分析手法としてはベイジアンネットワークや決定木が使用可能である。ベイジアンネットワークは、変数間の依存関係が確率を用いて定量的に評価される。生産工程を例にとると、歩留まり低下と他の加工条件データの依存関係を、生産実績データから評価できる。これによって、歩留まりが悪いときの加工条件データと、よい時の加工条件データを確率分布として予測できるようになる。これを比較することで原因究明ができる。

ベイジアンネットワークでは依存関係の値の評価は出来るが、依存関係そのもの（変数のネットワーク）を作り出すことは容易ではなく、歩留まりへの影響を与える変数間の関係性は生産工程の有識者などの協力により事前に定義する必要がある。

決定木を機器故障の原因究明に応用することも出来る。状態判別問題の節では既存の稼働データに、正常 / 異常の変数を付け加えた。異常に分類されるときの説明変数の条件をみることで原因究明ができる。

ベイジアンネットワークも決定木も離散値を扱う分析手法である。従って、これらを使う場合に注意すべきなのは、連続的な値をもつ変数であっても、ある程度の粒度で離散化されるという点である。例えば、ベイジアンネットワークで変数の値の予測ができ、離散化された値が分かる。ある説明変数の値を変えた時に、目的変数の値の増減の傾向を把握するというような使い方がよい。

4.4.4 分類問題

分類問題とは、１つのデータを等質なデータからなる複数の集合に振り分ける問題である。データ要素間の距離と集合間の距離が定義されたとき、集合内のデータ要素間の平均距離を最小にし、集合間の距離が最大になるようにデータを振り分ける処理である。

例えば、Webサイトの訪問者を分類することで潜在的な顧客層を見つけ、宣伝することで売上を向上させることができる。また、自社製品の稼働時間数と地理情報から、地域によるニーズの違いを把握し、投入する製品を地域ごとに変えることで効率的なビジネス展開ができる。

分類問題で用いられる分析手法としては、k-means法や決定木がある。概ね、変数が多い場合またデータ量が多い場合はk-means法が向いており、一方、変数が少ない場合は決定木が向いている。ただし、この切り分けは計算量に基づくものであり、むしろ、結果の表現が異なるため、適用する問題に応じて選択するのがよい。

決定木を使う場合は分析前に集合の数を指定する必要が無い。学習結果の決定木を適当な位置で枝刈りすれば望む数の集合が得られる。一方で、変数を一つずつ評価するため、目的変数と関連の薄い説明変数が大きく結果に影響することがあり得る。

一方、k-means法を使う場合は分析前に分類したい集合の数が分かっている場合に向いている。学習後に分類のクラス数を変更する場合は、もう一度処理することになる。変数間の扱いに順番はなく、データ要素同士の距離を扱うため特定の変数の影響が致命的に大きくなってしまうということは、決定木と比較すると少ない。

分析結果のそれぞれの集合がどんな意味を持つのかは、人が解釈することになる。決定木は分類の結果が各変数の閾値として表現されるので解釈が比較的容易である。一方、k-meansでは、見える化などによりどんなデータ要素がクラスタを構成しているのかを把握しなければ意味づけは困難である。

4.4.5 前処理

分析作業のプロセスの中で回帰分析や決定木などの分析手法を適用する段階がもっとも価値を生み出す中心的な作業だが、よい結果を得るためには入力となるデータの質を上げなければならない。そのため、分析者は作業の初期段階でデータの性質をよく知っておく必要がある。また IoT で扱うデータはフィールドのデータであり、形式がさまざまだったり、欠損値や外れ値がたくさんあったりする。それらを適切に扱い、分析手法を実装したプログラムに適したデータ形式に変換する必要がある。これらを通常、分析の前処理と呼んでいる。

データの性質を知るために、第一にするべきことはデータがどのように収集されたのか、すなわち計測システムを調べることである。具体的には、使用しているセンサー、計測のサンプリング、センサーの計測可能レンジ、途中の処理内容、A/D 変換のビット数、変換のレンジ、送信頻度などである。

その後、データを処理することになるが、データ列ごとの最大値、最小値、平均値、分散、標準偏差といった基礎統計量を調べておくことが有効である。その他、データ値変換、データ形式変換、クレンジング、データ選択・特徴量生成などの処理がある。以降、それぞれについて説明する。

(1) データ値変換

IoT の普及のきっかけの 1 つとして、センサーデータのデジタル化が上げられる。多くのセンサーは物理量を電圧・電流変化に変換し、このアナログ値を A/D 変換でデジタル化して送信する。

この時、通信や伝送路中間での処理負荷を避けるために通信量を下げる工夫をしている。たとえば、16 進数のまま送信し、そのまま蓄積されていたり、マイナス符号で 1 ビットを使うのを避けるため、値に一定の値を足してオフセット処理する。これらの値を、個々のデータに適用されているデータ変換方式に従って、実際の値に変換する必要がある。

(2) データ形式変換

IoT で得られたデータは圧縮あるいはバイナリー形式などさまざまな形式になっている。**図4-12** のように 1 センサー 1 ヶ月分で 1 ファイルなど、収集システ

時刻	入口温度T1
2015/12/1	53.9
2015/12/2	53.9
2015/12/3	54.1
2015/12/4	54.2
2015/12/5	54.8
2015/12/6	54.7
2015/12/7	54.4
・・・	・・・

時刻	流量V
2015/12/1	12.4
2015/12/2	6.2
2015/12/3	6.2
2015/12/4	24.9
2015/12/5	31.1
2015/12/6	12.5
2015/12/7	25.3
・・・	・・・

時刻	出口温度T2
2015/12/1	27.2
2015/12/2	26.9
2015/12/3	26.9
2015/12/4	27.9
2015/12/5	28.4
2015/12/6	30.7
2015/12/7	38.6
・・・	・・・

時刻	入口温度T1	出口温度T2	流量V
2015/12/1	53.9	27.2	12.4
2015/12/2	53.9	26.9	6.2
2015/12/3	54.1	26.9	6.2
2015/12/4	54.2	27.9	24.9
2015/12/5	54.8	28.4	31.1
2015/12/6	54.7	30.7	12.5
2015/12/7	54.4	38.6	25.3
・・・	・・・	・・・	・・・

図4-12　１センサーごとに１ファイルになっている例

ムに依存した形式になっている。これを、実行するアルゴリズムに応じて、適用可能な形式に変換する必要がある。

（3）データクレンジング

データクレンジング（cleansing）とは欠損値や外れ値を適切に処理して、分析手法で扱えるようにする処理である。分析手法によっては、欠損値や外れ値をど

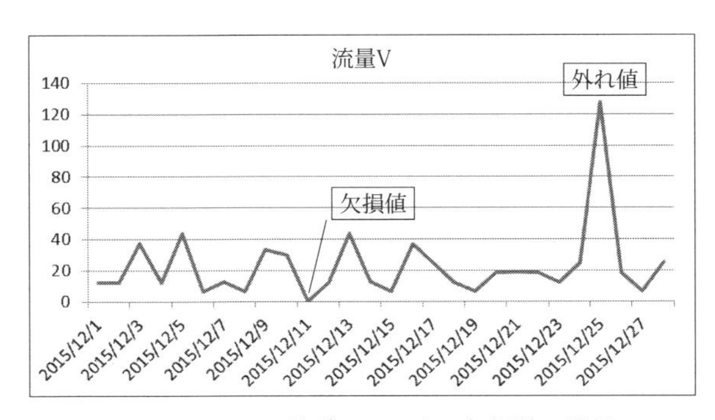

図4-13　トレンドグラフによる欠損値の発見

う扱うかは分析結果に大きな影響を与えるため、慎重に決定しなければならない。

欠損値とは、例えば、センサー値が時系列データの場合にデータが取得されているべき時刻であるにも関わらず何らかの理由でデータが取得できていないことを指す。空間上に２次元座標を仮定して網羅的な計測をしている場合などで、ある座標だけデータが無いような場合も欠損値である。外れ値とは、センサー値が周囲に比べて異常に大きな値だったり、値がありそうなところなにも関わらずゼロ値を示すことを指す。

欠損値の発見には、データをグラフ表示により可視化する。時系列データであれば、トレンドグラフを表示するのが一般的である。**図4-13** であれば 12 月 11 日の流量が欠損しており、グラフ上ではゼロを示している。

欠損値はグラフ表示しなくても、データ上で数えることができるが、トレンドグラフにすると欠損の起こるパターンや、時間的な頻度の偏りを見つけられる場合がある。ランダムに欠損している場合は通信エラーなど偶発的な問題と考えられるが、一定のパターンが有る場合や時間的に偏っている場合は、欠損していること自体がなんらかの信号であり有用である場合がある。

欠損値に対する扱い方の一つは、削除する方法である。その時刻のデータを他のセンサー値も含めて削除してしまうことである。簡単ではあるが、データ数が減ってしまうのが欠点である。もう一つは、補完する方法である。補完は開始と終点を直線で結ぶように補完するのが一般的であるが、欠損値がでる直前の値で全部を補完するなど、センサーに応じた手段を選択する。

外れ値は、グラフ上では全体的な傾向から外れて大きな値やゼロ値を示してい

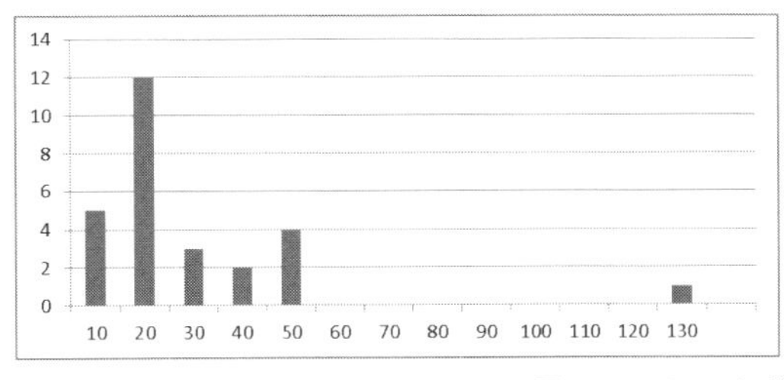

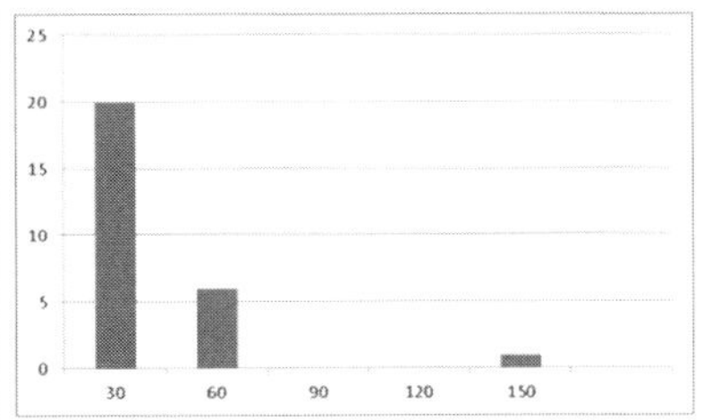

図4-14　ヒストグラム

る値である。また、変化があるべきセンサーが、計測期間中一定の値を示しているような場合もありえる。外れ値の発見もトレンドグラフを用いることで発見ができる。**図4-13** では、12 月 25 日が周囲と比べて大きな値を示しており、外れ値の可能性がある。

また同時にヒストグラムを用いるのも有効である。ヒストグラムはデータ列について値の出現頻度をプロットしたものである。横軸はデータが取り得る値を一定の幅で分割した区分である。この区分をビン (bin) と呼ぶ。縦軸は、データが該当するビンの出現頻度である。**図4-14** の左側の図ように、センサー値の分布の山の外にあるような値が外れ値であると判断できるため、外れ値として扱う閾値の設定に使える。ただし、ビンの幅によってヒストグラムは大きく変わってしまうことに注意する。その例を**図4-14** の右側の図に示す。目的に応じてビンの幅をいろいろに変えてみる必要がある。

外れ値に対する扱い方は慎重を要する。計測システム上の問題なのか、または計測対象の異常なのか、異常検知の対象であるが真の値ではずれているわけではないのかは本質的には判断できない。従って、センサー値のクレンジングでは、なぜ外れ値を示したのかを計測システムに立ち返って検討しなくてはならない。

例えば、欠損値や外れ値の原因がセンサーの故障である場合がある。機器の異常検知などでは、センサー自身の故障は常に考慮に入れておかなければならない。また、センサー値を A/D 変換するときに失敗すると、エラーコードの意味で FFFF(16 進数) を値を割り当てて使用する場合がある。このような人為的に定義したコードに気づかずに実際の計測した値としてデータへ値変換すると、異常に大きな外れ値になる。

（4）データ選択・特徴量生成

得られたデータから分析に使うデータを選ぶ作業である。例えば、2 つのセンサーの相関性が高い場合、どちらかのセンサーをはずしたほうがよいことが多い。分析作業を進める上でも、悪影響が多いため、事前に相関係数が高いデータの組み合わせを調べておくとよい。また、変化が無いデータや小さいデータもはずしたほうがよいことが多い。これは、分散値を計算することで把握することができる。

また、振動センサーの場合はFFT（高速フーリエ変換）をかけて周波数の強度に変換することが通常行われている。また、機器の温度値では、値の絶対値より2点間の温度差や時間的な温度差に意味があるような場合がある。このようにオリジナルのセンサー値から新しい特徴量を生成することで分析の結果がよくなることがある。

いずれにしても、データの取捨選択や特徴量の生成方法は扱う問題に依存するので、定石があるわけではない。試行錯誤しながら分析することになる。

4.4.6　見える化

見える化はデータを図的に表現することで、人間の高いパターン認識能力を利用して、気づきを得ようとする方法である。上手に表現すれば難しい分析手法を使わなくても、データから気づきを得ることは可能である。また見える化はユーザーインターフェースの一つでもある。結果を見ることで、意思決定をしたり、行動を起こさせたり、コミュニケーションにつなげるものである。

見える化が使われる場面は、分析作業の前、途中、後のどこにでもある。分析作業に入る前であればデータの概要を把握、分析作業中であれば途中経過が妥当であることの確認、分析後には結果の表示として使われる。分析結果の表示は（前処理との対比で）後処理とも呼ばれている。

ここではよく使われる見える化の手段を紹介する。

（1）時間軸へのプロット

時系列データのトレンドグラフが時間軸へのプロットの代表例である。複数の変数を同じ座標上に置くと変数間の連動性が把握でき、データ概要把握に有効で

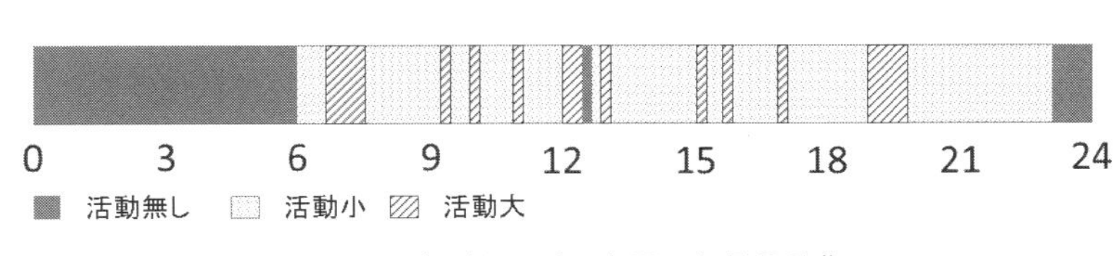

図4-15　タイムラインを用いた見える化

ある。例えば、ビルなどで電力総使用量をトレンドグラフに表示することで、使用者に対し省エネ行動を期待することができる。

対象の状態を色で表すことで状況変化を表現するタイムラインも使われる。心拍計、振動計を組み込んだウェアラブルセンサーデバイスなど生体情報を取得するセンサーが登場し始めているが、その結果表示などで使われる例を**図4-15**に示す。

列車のダイヤも時間軸へのマッピングの例である。物流や製造ラインのように、物が軌跡をもつようなケースではこの表現の応用が可能である。この見える化の例を**図4-16**に示す。線の粗密によって流れの緩急や問題有無が把握できることが分かると思う。

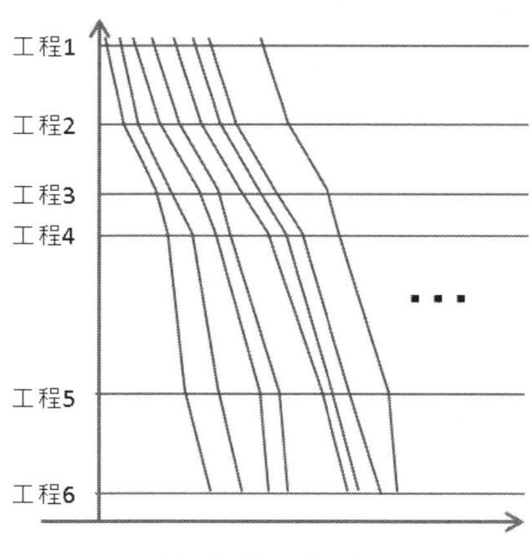

図4-16　線の粗密を使った見える化

（2）地図へのマッピング

地理情報などの２次元座標値に関連付けられたデータは地図や図面、写真などを背景としたマッピングがよく行われる。背景となる地図などには、計測データ以外の情報が載っているため、それとあわせた表現により気づきを得る方法である。

例えば、車のブレーキが多い場所から注意すべき交差点を表示するなどが考えられる。位置情報とともに、色などを使って測定対象の状況を示すこともできる。

（3）散布図

図4-17に示す散布図は、2つのデータ列の同じレコードのデータ要素について2次元座標上にプロットしたものである。同じレコードなので2つのデータ要素には、「同時刻にとった温度データ、湿度データ」「同一人物の体重と身長」など対応関係がある。横軸に一つ目のデータの値、縦軸にもう一つのデータの値をとり、対応関係一つにつき1点をプロットする。時系列データの場合、データ要素間の順序関係の情報は消えてしまうので注意が必要である。

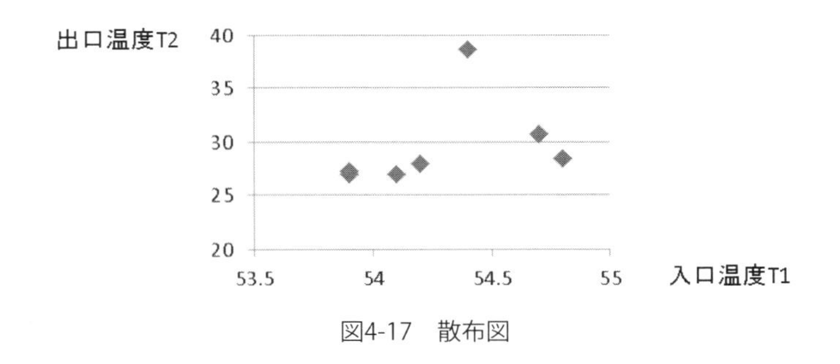

図4-17　散布図

参考文献

[1]　CRISP-DM コンソーシアム　http://www.crisp-dm.org/
[2]　Gartner　http://www.gartner.com/newsroom/id/1731916
[3]　R 言語　https://www.r-project.org/
[4]　Python　https://www.python.org/
[5]　KNIME　https://www.knime.org/
[6]　Pentaho　http://www.pentaho.com/
[7]　Toby Segaran（著）、當山仁健、鴨澤眞夫（訳）：集合知プログラミング，
　　オライリー・ジャパン，2008.
[8]　杉山将：イラストで学ぶ機械学習 最小二乗法による識別モデル学習を中心に，
　　講談社，2013.
[9]　本村陽一：ベイジアンネットワーク：入門からヒューマンモデリングへの応用まで，
　　https://staff.aist.go.jp/y.motomura/paper/BSJ0403.pdf
[10]　鈴木英明，内山宏樹，湯田晋也：データマイニングによる異常検知技術，
　　オペレーションズ・リサーチ，Vol.57,No.9,pp.506-511,2012.

Webサイトは2016年2月確認

5. IoTにおけるセキュリティ

5. IoT におけるセキュリティ

5.1 概要

IoT は、「モノのインターネット」と呼ばれ、情報化社会のインフラストラクチャと言える[1]。ここでいう「モノ」とは、通信ネットワーク上に識別し統合することが可能な物理的な世界（物理的）や情報の世界（仮想のモノ）のオブジェクトであり、**図5-1** に示すように、デバイスによりデータが収集される。デバイスとは、コミュニケーションの必須機能とオプション機能（センシング、アクチュエーション、データ取り込み、データ保存およびデータ処理など）を備えた機器の一部である[2]。

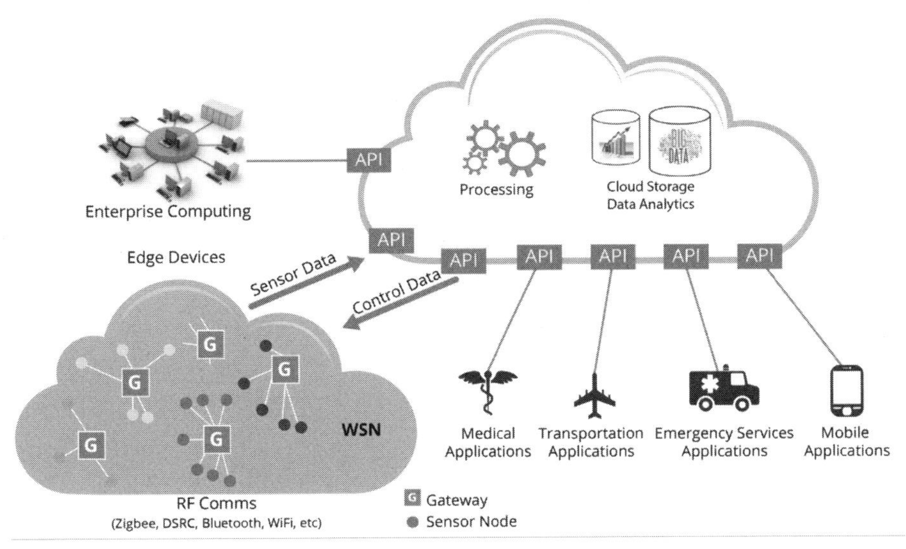

図5-1　もののインターネット（Internet of Things）

従来の組織で対応されたセキュリティをエンタープライズセキュリティという。IoT におけるセキュリティは、従来のエンタープライズセキュリティと異なるセキュリティとなる。

図5-2 に示すように、エンタープライズセキュリティは、ファイアーウオールなどの境界防御（ペリメータセキュリティ）を基本とする。IoT では基本的な考えとしてデバイスでセキュリティを確保するエンドツーエンドセキュリティの対策が重要である [3]。

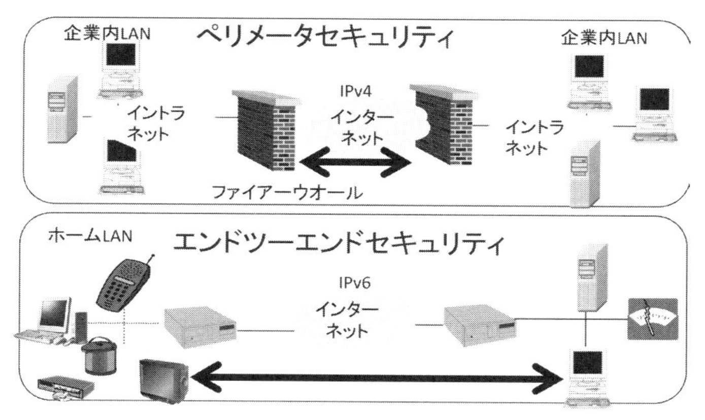

図5-2　ペリメータセキュリティからエンドツーエンドセキュリティへ

IoT システムの開発において、これまでセキュリティは、後回しにされることが多かった。この背景には、セキュリティが利便性やコストとのトレードオフの関係にあり、利便性を追求する際の足枷になったり、セキュリティ対策の費用対効果が見えづらく、経営上、セキュリティ対策が後回しになることが理由と考えられる。

IoT セキュリティの特徴は、

（1）システムの対象機器が多量で長期利用

（2）情報漏洩および直接人命に影響

以上の 2 点にある。

5.1.1　システムの対象機器が多量で長期利用

IoT の特徴の一つとして、一般にオフィスで使う IT 機器と比較し、対象とする機器は多量で長期にわたり利用することにある。

Hewlett-Packardは、IoT製品のセキュリティに関する調査結果を発表し、調査対象製品の70%にセキュリティ問題が見つかったと報告をした[4]。2020年までに世界でIoTデバイスは、10兆個（2015年は300億個）のデバイスになると言われ、多量のデバイスに実装したプログラムの定期的アップグレードは、現実的には困難と言われている。

IoTでは、エンドツーエンドセキュリティがベースになるが、それで全てを対応できる訳ではない。デバイス、ネットワーク、アプリケーション、ユーザーの各層で、求めるセキュリティ機能が異なるため、各層で最適なセキュリティ対策が必要となる[5]。

IoTは一種の組み込み機器である。これまでの組込み機器は、スタンドアロンであり、機械的な制御を目的としていた。IoTシステムはネットワークに接続し、クラウドコンピュータなどに情報を収集する。個人情報や制御情報のような機微あるいは重要な情報を含めた多量のデータを扱う。収集する情報は一つ一つは大きな意味を持たないが、複数のデータが組み合わされることで、重要な意味をもつ場合が多い。例えば5.2.1項で紹介するようにスマートメーターから個人のプライバシー情報などが抽出できる。

5.1.2　情報漏洩および直接人命に影響

IoTデバイスが産業機械、医療機器、車などに実装されることにより、外部からの不正アクセスや遠隔操作、情報漏洩などのセキュリティ上の問題だけでなく、今まで想定していなかった故障や事故などのセーフティ（安全）上の問題が生じる[6]。

一般にセキュリティを考慮した設計とは、情報の機密性や完全性などを確保するため、設計の段階で脆弱性の低減や脅威への対策を考慮に入れたリスク分析と対策を行うことである。一方、セーフティ設計とは、人命や財産の安全を確保するため、設計の段階で安全性に関わるリスク分析と対策を行うことである。このため、IoTにおける製品やサービスには、つながることによって発生するリスクをあらかじめ想定し、設計段階から対処する「セーフティ設計」・「セキュリティ設計」や、異なる製品やサービスをつなげるために、つながる相手先の開発者など第三者に設計状況を理解される形にする「見える化」が必要であると言われている[7]。

IoTでは、脆弱性を作りこまない開発や攻撃を予防する事前のセキュリティ対策が必要である。特に、設計品質の見える化が重要であり、設計の品質をエビデンス（証拠）に基づき、第三者でも容易に理解できる表記で論理的に説明する手法の重要性が高まっている。本件に関しては、5.3節、5.4節に詳述する。

5.2 IoTに関係するセキュリティ事故の事例

IoTに関係するセキュリティ事故を把握することは重要である。Webなどで検索できるIoT関係のセキュリティ事故あるいは実験の事例を紹介する。
5.2.1項にIoTの重要な応用事例であるスマートグリットにおけるプライバシー問題について紹介する。その他の事例を5.2.2項で紹介する。

5.2.1 スマートグリッドにおける事例

米国国立標準技術研究所NIST（National Institute of Standards and Technology）は、スマートグリッドに関するサイバーセキュリティおよびプライバシーに関する報告書を発表している[8]～[10]。

スマートグリッドの普及に伴い、プライバシーに関する懸念事項として、個人情報の窃盗、個人の行動追跡、リアルタイム監視などを挙げている。悪意をもつ第三者が、スマートグリッド用の機器から情報を入手することで、消費者の個人的な行動や状態を把握できるようになる。例えば、スマートメーターのデータを第三者が入手した場合、電気製品や部屋の使用状況がわかるため、家が留守かどうかも分かる。また、第三者が医療器具の使用状況を入手することも可能となるため、これまで厳重に管理されていた問題が表にでてしまう。

2010年には、米国で普及を進めているスマートメーターに深刻なセキュリティホールが発見されたという報告書が発表された[9]～[12]。この報告によれば、不正侵入によりメーター管理を横取りし、プログラムを変更することで他人の電力料金を変更する操作が可能であることを指摘している。

図5-3は、スマートグリッドの簡易モデルである。プライバシーリスクのエリ

アとして３つあることを示している。

(1) エリア１

スマートメーターにより収集される家庭の電力消費データは、電力供給側へ送られる。電力供給側はこれらの個人データをサービス提供組織に転送することもある。

データ転送は、有線のほか無線を利用する場合がある。ここでの転送データは、データの粒度に関係しリスクが発生する。例えばハッカーあるいは悪意あるプログラムにより転送中のデータが傍受される可能性がある。その結果、個人情報は危険にさらされる。この種のデータは、サービス提供者のみならず犯罪者によって興味ある家庭の家族構成や行動と結びつけることができる。

(2) エリア２

電力会社などにより、電力料金や詳細な消費情報を含む、顧客情報が収集されている。このデータは、電力会社のみならず、サービス提供組織などにより２次利用される。そこで、データマッチング、市場調査、プロファイリング（行動分析）

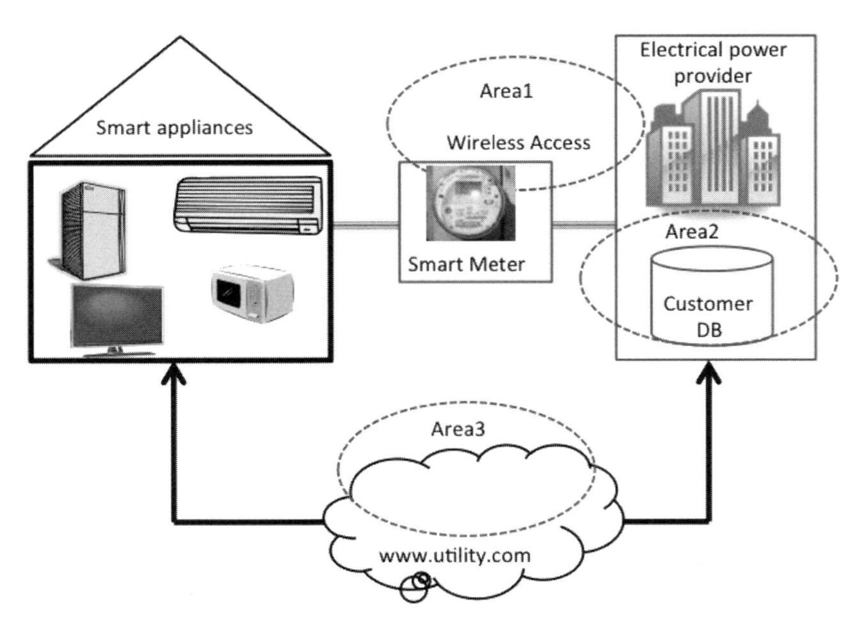

図5-3　スマートメーターにおけるプライバシーリスク

などが行われる。したがって、窃盗などの脅威が生じる恐れがある。

(3) エリア3

消費者が電力消費データへオンラインでアクセスすることで、消費者が、いつ、どのように電気を利用しているか、ウエッブを利用して把握する。このため、センシティブなデータへアクセスすることに対し強いセキュリティと、なりすましを防止する強い認証技術が必要である。

米国では、NISTを中心としてスマートグリッド関連機器のInteroperability確保の検討を行っている。2010年8月にNIST IR 7628（Guidelines for Smart Grid Cyber Security）を発行した[13][14]。

この文書には以下の観点が記述されている。

スマートグリッドにおける重要なプライバシー情報としてスマートメーターやHEMS（Home Energy Management System）から収集される各家庭の利用者情報（単位時間当たりの電力使用量等）がある。例えば、**図5-4**に示すようにユーザー情報に含まれる「電力利用状況」からは、家庭内の住民の生活行動パターンや家庭内設備（例えば、住宅の有無や電気自動車の所有など）をオンラインで推定することが可能である。

表5-1に示すようなプライバシーにかかわる情報がスマートグリッドを介し得ることができる。これらの情報は、通常は電気料金の管理や省エネルギーサービスのために用いられるものであるが、利用者が望まない別の行為に悪用される可能性がある。

例えば、個人挙動パターンや利用機器の特定される例として、「スマートメーターやホームオートメーションのデータから特定の機器の利用を追跡できる。また、電気の利用データから、屋内のどこで、いつどんな機器が使われているかがわかる。」が挙げられている。

家電メーカーはこれらの情報を用いて、製品の信頼性や保証期間などの設定や、ターゲット広告などのマーケティングに利用する。

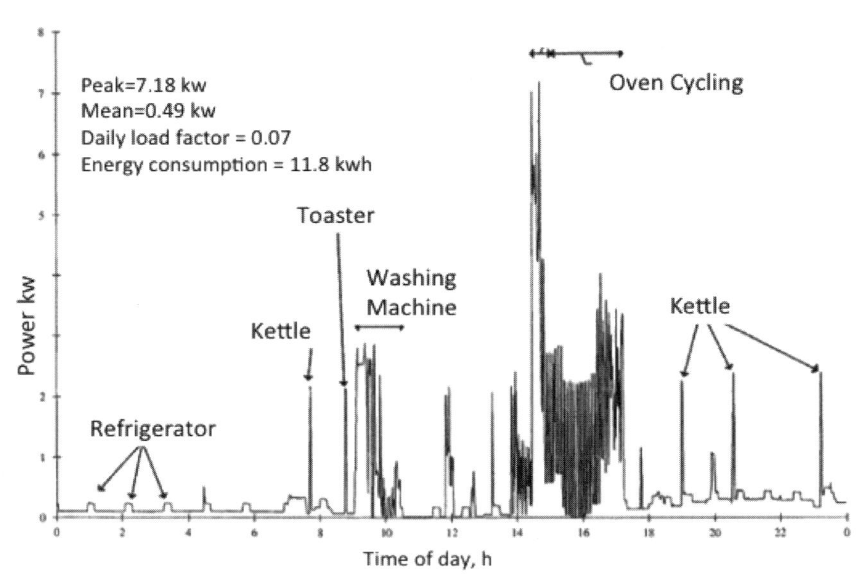

図5-4　個人の活動と電力利用の関係

表5-1　スマートメーターから漏洩される可能性のある情報

Data Element(s)	Description
Name	Party responsible for the account
Address	Location where service is being taken
Account Number	Unique identifier for the account
Meter reading	kWh energy consumption recorded at 15–60 (or shorter) minute intervals during the current billing cycle
Current bill	Current amount due on the account
Billing history	Past meter reads and bills, including history of late payments/failure to pay, if any
Home area network	Networked in-home electrical appliances and devices
Lifestyle	When the home is occupied and unoccupied, when occupants are awake and asleep, how much various appliances are used
Distributed resources	The presence of on-site generation and/or storage devices, operational status, net supply to or consumption from the grid, usage patterns
Meter IP	The Internet Protocol address for the meter, if applicable
Service provider	Identity of the party supplying this account (relevant only in retail access markets)

したがって、スマートグリッドのプライバシーとして、以下の課題があると言われる。

(1) リアルタイムでのリモート監視

リアルタイムでモニタリングすることで、在宅の有無、住人の行動（歩いている、寝ているなど）の情報を得ることができる。つまり、リアルタイムで個人情報が漏洩される問題がある。

(2) スマートグリッド以外の商用目的での使用

個人のエネルギーの消費履歴から導出されるライフスタイルの属性情報は広い分野の製品、サービスベンダーなどに有用な情報となる。ベンダーは属性情報を購入し、ターゲットの選定、商品を望まない人に対してもセールスを行うなど、目的外での情報利用の問題がある。

5.2.2 IoTに関係するセキュリティ事故事例

IoTの重要な応用事例であるスマートグリッドにおけるプライバシー問題について紹介した。これ以外にもIoTに関係する応用でセキュリティ事故が発生している。

(1) ネットワーク型カメラにおける情報漏洩

朝日新聞は、「ウェブカメラ、ネットで丸見え３割　パスワード設定せず」という報道で市販のウェブカメラに侵入出来てしまうことを明らかにした[15]。記事によると購入時のままの設定だとIPアドレスを入力するだけでカメラにアクセスし、カメラ映像を閲覧出来るだけでなく、操作もできてしまうと言う。実際にある美容室のウェブカメラに進入し検証している動画が朝日新聞に記載されている。そのほかにも2,163台のネットワーク接続されているウェブカメラの内、769台がパスワードを設定していないと公表。その方法とは「昨秋以降、これらのIPアドレスを無作為にたどる方法で調べ、約125万のアドレスを抽出」と書かれている[15]。

図5-5はトレンドマイクロのレポートで紹介されたウェブカメラの情報漏えいの電子掲示板サイト情報である。このような形でウェブカメラ情報が漏えいされている[16][17]。

図5-5　画像掲示板に漏えいするウェブカメラ情報

ネットワークに接続された防犯カメラでも同様の問題が指摘されている。防犯カメラは街頭や屋内のさまざまな場所に設置されている。NHK ニュースは、インターネットの海外の防犯カメラサイトで、いつでも閲覧可能になっていることを報道した。その数は日本国内のものだけで、およそ 6,000、世界全体ではおよそ 2 万 8,000 か所に及ぶと言われる[18]。

理容店の店内に設置されたカメラの映像は、画面が 4 分割され、散髪中の客の姿がはっきりと映っている。店の入り口に敷かれたマットには「カットショップ」という文字とともに、店名が認識できる。また、東京都内の老人ホームとみられる施設の映像には、お年寄りたちが食堂のテーブルについて食事をしている様子が映し出され、一人一人の顔まで識別できる状態となっている。さらに、都内の歯科クリニックとみられる映像では、室内が奥まで映っていて、患者があおむけになって口を開けている様子が分かる映像が漏えいされている[18]。

このように個人を識別し場所を特定できる情報が漏えいされている。

防犯カメラの映像は、所有者がインターネット経由で別の場所で見られるようにしていることが多く、通常はパスワードを適切に設定していれば、第三者に勝手にのぞき見られるおそれはない。しかし、映像の流出が起きているケースでは、カメラのパスワードが初期設定のままになっていたり、パスワードが適切に設定されていない可能性がある。

本来は、防犯カメラを設置した際にパスワードを適切に設定すべきだが、カメラを取りつけた業者が設定の作業を行わず、カメラの所有者もパスワードを設定しなければならないことに気づかずに、そのままになっているケースが多いとみられる。

利用者側も、インターネットに接続する以上は世界中につながっているという意識を持って、セキュリティ対策をしっかりと行う必要があると報道では指摘している。

(2) 信号機のハッキング

米国ミシガン大学のJ.Alex Haldermanらは、交差点の信号機をハッキングする実験を行った。政府機関に許可をもらい、セキュリティに欠陥がある暗号化されていない信号を実際にコンピュータで操作してみた。その結果、パソコンで交通状況を確認するセンサーと実際に信号をコントロールする無線通信を、簡単に操作することができた[6][7][19]。

(3) 車のハッキング

実験ではあるが、車のハッキングに関してはいくつかの報告がある。米国では、走行中の車を遠隔操作で「乗っ取る」実験がネット上で公開された。携帯電話回線で通信するカーナビ・オーディオ機器を通じ、同じネットワークを使う制御システムへも、外部から侵入できてしまった。車の「走る・曲がる・止まる」の大部分は、車のメーカーが設定したプログラムで電子制御されている。高速道路を走る車で、運転手が何もしないのに突然ラジオが大音量で流れ、ワイパーが作動した。エアコンの電源も入り、エンジンが切られて車は急に減速。運転手はハッキングの実験だとわかりつつも、パニックに陥ったとの報告がある[9][20]。車から数キロ離れた場所にいたハッカーは、手元のノートパソコンから車の制御システムに入り、遠隔操作した。

国内でも乗用車にインターネットと接続する機器を取り付けると、スマートフォンで車をハッキング（乗っ取り）して遠隔操作できることが、広島市立大大学院の井上博之の実験で明らかになった[19]。窓を開閉させたり、停止中に速度表示を180キロにしたりできた。サイバー攻撃で走行不能にすることも可能で事故につながる恐れもある。なお、**表5-2**に自動車におけるIoT構成要素と想定脅威を示した。詳細は文献〔29〕を参照。

表5-2　自動車におけるIoT構成要素と想定脅威

IoT構成要素	役　割	想定される脅威
センサー群	自動車内外の物理現象や化学現象を電気信号へ変換し、ECUなどのデバイスへ送信する。力学、電磁気学、温度、光学、電気化学などのセンサーがある。	・脆弱かつ短レンジ無線で行われる通信 ・被害を受けたセンサーからECUへ容易にアクセス
ECU（Electronic Control Unit）	自動車の電子制御装置、エンジン、エアコン、ABSやエアバックなどの各種安全装置などの制御を行う組み込みシステム	・マルウエア感染により、誤った制御命令を出し、問題動作を引き起こす攻撃 ・EUC内のデータ改ざん
OBD-IIポート（On Board Diagnostic port）	自動車各部に取り付けられたEUCにプログラミングされている車載故障自己診断用の入力ポート	・物理的なアクセスが必要だが、接続後は遠隔で攻撃可能 ・ほとんどのユニットへのアクセス可能がもたらす多様な攻撃
車載インフォテイメント（IVI: In-Vehicle Infortainment）	インフォテイメントとはインフォメーションとエンターテイメントを組み合わせた言葉。カーステレオなどのオーディオビジュアル昨日とカーナビなどの情報機器を組み合わせたシステム。	・インフォテイメントユニットから利用データ漏洩 ・より深刻な攻撃の入り口
バックエンドサーバー	自動車が集めたデータを大量保管し、分析を行う。従来は、サーバーで実現されてきたが、クラウド環境の利用にシフトしつつある。	・サーバー群は従来からある脅威/攻撃に対して脆弱 ・機微な情報を大量保管 ・攻撃されたサーバーから、セイン在的に複数の車へ同時攻撃可能
V-2-V（Vehicle-to -Vehicle）	自動車と自動車がコミュニケーションをとるコネクティッドカー、自動走行の実現に不可欠	・プライバシー、セキュリティ、識別リスク 例、証明書執行、ほとんどのユニットへのアクセス可能がもたらす多様な攻撃

(4) 医療機器のハッキング

医療機器へのハッキングはハッカーによる実演に限定されるが、脅威は現実の問題である。米食品医薬品局（US Food and Drug Administration、FDA）は、医療機器あるいは病院のネットワーク運用に直接的に大きな影響を及ぼす可能性のあるサイバーセキュリティ上の脆弱性があったことを確認した。例えば、心細動除去器など埋め込み型医療機器の危険性として、埋め込み型医療機器は、無線ネットワークに侵入したハッカーによって再プログラムされる恐れがあることを確認した[6][19]。

セキュリティ専門家のJay Radcliffeが2011年、糖尿病患者が必要とするインスリンポンプにハッキングして注入量を変える実演を行った。埋め込み型機器の他にも、病院の監視システムや、放射線装置などの設備がセキュリティの弱いネットワークに接続され、似たようなセキュリティホールを生み出していることがあるとの指摘がある。

(5) POS 端末のハッキング

米国の書店大手 Barnes & Noble 社の 9 州における 63 店舗で、クレジットカードの読み取り機(POS 端末)から個人情報が盗まれるという事件が起こった[19][21]。ハッカーたちは POS 端末にマルウェアをインストールし、カード情報と顧客が入力した暗証番号を盗んだ。警察によると、窃盗団は POS 端末をホテルの部屋などに持ち込み、そこで技術者がプロセッサーに侵入し、Bluetooth によって遠隔からカード情報を盗み出せるよう操作を加えたという。こうした改造はおよそ 1 時間で完了し、その後、翌日に店舗が再開する前に端末はもとの場所に戻された。このグループは従業員に賄賂を渡すなど、店舗関係者からの協力を得ていた。

(6) 複合機などデータ丸見え

大量の情報が蓄積された複合機やプリンターのセキュリティ対策が講じられず、一部がインターネット上で見えていた。実態を調査した朝日新聞の取材を受けた大学や高等専門学校は、ネットと機器の接続を遮断した。多数の機能が一体化した利便性の陰で、危機意識の希薄さが改めて浮き彫りになった[22]。

IP アドレスは、ネットにつながる全ての機器に割り当てられた「ネット上の住所」である。ファイアウォールやパスワード設定を外部から強制的にかいくぐると、不正アクセス禁止法に触れる可能性があるが、今回の調査では IP アドレスをパソコンに打ち込むだけで複合機やプリンターに接続できたと報告されている。

大学が学内の状況を調べると、セキュリティ対策がとられていなかった機器は 126 台に上り、このうち 2 台は昨年 1 ～ 7 月だけで外部から数千件のアクセスを受けていた。職員と学生の計 2 人が大学に出した申請書の内容が流出した疑いがあることも分かった。大学で確認できたのは 16 台。事務系の部署や担当ごとにデータの保存場所が分けられ、その中にある記録が取り出せる状態の複合機があった。学部長の裁量で使える経費、公用車の使用予定、寮生とみられる人の名前などが記された文書ファイル名も見えていた。

大学は、約2年前から対策を講じたが、昨年春に機器を入れかえた複合機がファイアウォールの対象から漏れ、パスワードも適切に設定されていなかった。「ヒューマンエラー。入れ換えを把握できていなかった」と報道されている。

医科大学では32台のデータが見えていた。「医局」「教授」といった名称のデータ保存場所が外部から分かり、その中のデータにアクセスできるようになっていた。遺族とみられる個人名がファイル名に書かれたものもあったと報道されている。

5.3 IoT セキュリティの基本的な考え方

IoT の場合、以下の対策が指摘されている[2][6][23][24]。

(1) 機器組込みソフトウェアへのセキュリティ対策

各機器がインターネットに接続される場合、組込みソフトウェアのアップデートやセキュリティソフトの組み込みが必要である。この対策は一般的なパソコンに対するセキュリティ対策と同様であり、明確に管理されたデバイス、および単なるセンサーでなく、ある程度の能力をもったCPUなどを実装した機器への対策である。デバイスおよびアプリケーション側の計算機リソースへの対策に有効と言える。

(2) セキュリティ対策モジュールの組込み

(1) で組込みソフトウェアにセキュリティ対策を行っていたのに対し、セキュリティが強化された耐タンパ性のあるセキュリティ対策モジュールを設置する方法である。機密情報を処理したり保存したりするソフトウェア・ハードウェアは、容易に外部から解析できないよう、様々な防護策を講じる必要がある。非正規な手段による機密データの読み取りを防ぐ能力を耐タンパー性という[3]。

耐タンパー性を高めるには、外部から読み取りにくいよう機密性を高める方法と、外部から読み取ろうとするとプログラムやデータが破壊されてしまう機構を設ける方法の二通りの方法がある。前者の例としては、プログラム自体を暗号化しておき、実行時に必要な分だけ復号して実行するソフトウェアなどがある。また、後者の手法は、チップ表面が光を感じると記録内容が消滅するメモリチップや、アキスペース信号を読み出すプローブを取り付けると動作できなくなる回路などがある[26]。

特にIoTデバイスへの有効な対策と言える。以上の対策により「なりすまし」「ハッキング」といったサイバー攻撃からIoTデバイスを守ることが可能となる。

なお、セキュリティ対策モジュールに対しては、実装したハードウェア、ソフトウェア等から構成される暗号モジュールが、その内部に格納するセキュリティ機能並びに暗号鍵及びパスワード等の重要情報を適切に保護していることを、第三者による試験及び認証を行うJCMVP制度がある。JCMVP（Japan Cryptographic Module Validation Program）は、「暗号モジュール試験及び認証制度」のことで、独立行政法人　情報処理推進機構（IPA）が運用している[7]。

(3) サイバー攻撃に対する予測による未然防御

ネットワークあるいはサーバに設置するIPS（Intrusion Prevention System）の有効性が指摘されている。IPSとは、侵入検知・遮断システムであるが、ネットワーク上にある各IoTデバイスやアプリケーションに対し、ネットワークからの不審なアクセスを検知するとアクセスを遮断する等の対応を行うことで、不正なアクセスによる情報の漏えいを未然に防ぐものである。この仕組みをIoTネットワーク上に実装することで、セキュリティ上の問題の発生を未然に防ぐことが可能になる。

IoTのセキュリティ対策は、以上に示したように、最低限、既存のパソコンベースで実施されているセキュリティ対策が必要である。特にデバイス自身へのセキュリティ実装が確実に実施されていることが重要である。

IoTに対するセキュリティとセーフティは課題への対策が十分解決されていない部分も多いが、全ての「モノ」がインターネットに繋がるという性格上、不正アクセスが発生した際の問題は、今までと比較にならないほど大きくなる。多面的な方法を駆使し、確実な安全性を確立する必要がある。

現時点でIoTにおいて推奨されるセキュリティ対策などを体系的にまとめている最初の文書として、クラウドセキュリティアライアンス（CSA）が公開した

「IoTの初期適用のためのセキュリティガイダンス（Security Guidance for Early Adopters of the Internet of Things(IoT))」がある[2]。

目次構成は以下の通りである。

3. 組織と個人に対するIoTの脅威
4. セキュアなIoTを開発するための挑戦
5. 推奨するセキュリティの安全対策
 5.1 IoT開発と展開におけるプライバシーバイデザインを適用とステークホルダーへのプライバシーリスクの影響の分析
  5.1.1 プライバシーバイデザイン原則
  5.1.2 設計へのプライバシー保護実装
  5.1.3 フル機能—ポジティムサム
  5.1.4 エンドツーエンドセキュリティライフサイクル保護
  5.1.5 可視化と透明化
  5.1.6 利用者のプライバシーの尊重
  5.1.7 プライバシー影響評価
 5.2 新しいIoTシステムを構成し開発するためのセキュアシステム工学アプローチの適用
  5.2.1 脅威モデル
  5.2.2 セキュアな開発
 5.3 IoT資産を定義するためのレイヤセキュリティ保護の実装
  5.3.1 ネットワーク層
  5.3.2 アプリケーション層
  5.3.3 デバイス層
  5.3.4 物理層
  5.3.5 ユーザー層
 5.4 機微情報の保護のためのデータ保護ベストプラクティスの実装
  5.4.1 データ定義、分類、セキュリティ
 5.5 IoTデバイスのためのライフサイクルセキュリティコントロールの定義
  5.5.1 計画
  5.5.2 開発
  5.5.3 運用管理
  5.5.4 モニタリングおよび検知
  5.5.5 是正
 5.6 組織のIoT開発のための認証/認可のフレームワークの定義と実装
  5.6.1 API議論/APIキー
  5.6.2 同一性確認とアクセス管理
 5.7 組織のIoTエコシステムのためのログと監査のフレームワークの定義
  5.7.1 ゲートウエイとアグリゲータの利用

大きく分けて７つのセキュリティ対策が取り上げられている。その内容は、「プライバシー」「セキュアな設計開発」「段階及びレイヤごとのセキュリティ保護の実装」「機密情報保護」「IoT デバイスのライフサイクルの定義」「認証 / 認可の枠組み」「ログ / 監査の枠組み」と多岐にわたる。

留意する点は、次の２つである。

(1) レイヤ別にセキュリティを考慮

「IoT の初期適用のためのセキュリティガイダンス」の３章では、組織と個人に対する IoT の脅威についてチュートリアル(方向性)を述べている。また、5 章では、IoT 資産を定義するためのレイヤセキュリティ保護の実装について述べている。

レイヤには、「Network Layer（ネットワーク層）」「Application Layer（応用層）」「Device Level（デバイス層）」「Physical Layer（物理層）の他に、「Human Layer（利用者層）」が定義されている。

「Human Layer」は、IoT におけるリスクを軽減する上で最も対策が難しく、グレーな領域だとされている。従来はシステムと人には境界があり、仮にシステムに問題があっても人が対処することができた。しかし、IoT 時代では、人はシステムを使う側というより、IoT システムの一部として組み込まれるものとして、考え方を改める必要がある。これらの層に関する対策は、まだ技術が確立されていないものも多く、数多くの技術が企業から提案されている。

(2) 事前にリスク評価を徹底

IoT に対するセキュリティ対策の silver bullet（画期的な解決策）は現状ではない。最初に考慮すべき対応すべきは、セキュリティやプライバシーに関しどのような問題があるのか、また、事前評価の重要性を述べている。つまりセキュリティの脆弱性、プライバシーリスクの問題を事前に明らかにし、考えられる対策を実施することが重要であると述べている。

5.4 節で IoT のセキュリティ対策、5.5 節でセキュリティ / プライバシーに関する事前評価を紹介する。

5.4 IoT のセキュリティ対策

5.4.1 セーフティとセキュリティ

IT 分野におけるセキュリティは、C（機密性）、I（完全性）、A（可用性）を確保することである。一方、事業で扱う機器やシステムは、ソフトウェアの欠陥や脆弱性のように誤動作や第三者からの攻撃により利用者の身体や財産に危害をもたらす可能性がある。これをセーフティという[7]。

IoT においては、セーフティとセキュリティの２つを考慮する必要がある。セーフティとセキュリティを考慮した設計法は、IPA で検討されている。本節は文献［7］をもとに概要を記載する。

セキュリティという言葉が指す概念は安全という言葉が示す概念と少し異なる。セーフティ（safety）は安全に近い言葉であるが、セキュリティ（security）とは異なる意味合いである。セーフティが能動的な活動に伴う脅威が存在している場合に用いられるのに対して、セキュリティは、何らかの外部の脅威・加害に対してもっぱら受動的である問題について表現している。

図5-6 に示すようにセーフティとセキュリティの対象が若干異なる。IT 分野ではセキュリティはよく使われ、C・I・A を確保することである。IT セキュリティに関して、いろいろな脅威が考えられる。データやシステムには、権限を持たない者によって、読まれること・改ざんされること・消去されることなどの脅威が一般的に存在する。ネットワークシステムの場合、盗聴される脅威なども存在する。さらにシステムへのアクセスにおいては、本人でない者がアクセスを試みる脅威が存在する。

システムが、セキュリティ上の脆弱性、例えば、オペレーティングシステムあるいはアプリケーションシステムの脆弱性を内在する、あるいは、ソフトウェアの脆弱性、セキュリティ上の設定が不備である場合がある。脆弱性が存在するシステム（装置）に脅威がもたらされると、その結果リスクとなる。

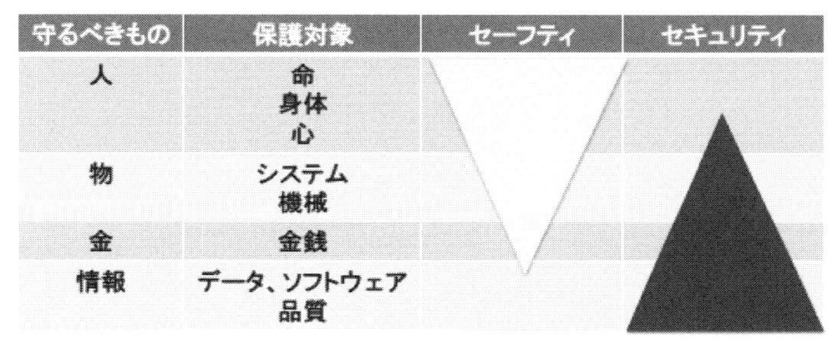

図5-6　セーフティとセキュリティの対象範囲

セキュリティ上のリスクが発生している場合、対策によってリスクを解消したり、軽減する。その対策は、技術的、組織的、人的な対策が実施される。対象システムへの技術的な対策のほか継続的な管理による対策も必要である。

表5-3 にセーフティとセキュリティの相違を示す。保護対象や原因などで大きな相違点がある。例えば、セーフティは人命などに直接影響する。一般的には発生頻度は確率として把握でき、設計時に適切なリスク分析を行うことで、ある程度の対策は可能である。一方、セキュリティは、間接的には人命に関係することがある。また、問題の多くは人であり、時間とともに新たな攻撃が繰り返され、

表5-3　セーフティとセキュリティの相違点

相違点	セーフティ	セキュリティ
保護対象	人命、財産など	情報の機密性、完全性、可用性など
原因	合理的に予見可能な誤使用、聞きの機能不全	意図した攻撃
被害検知	事故として現れるため、検知しやすい	盗聴や親友など、検知しにくい被害も多い
発生頻度	発生確率として扱うことが可能	人の意図した攻撃のため確率的には扱えない
対策タイミング	設計時のリスク分析・対策で対応	時間経過により新たな攻撃手法が開発されるので、継続的な分析・対策が必要

継続的な対策が要求される。

5.4.2 セーフティとセキュリティを考慮した開発プロセス

セーフティに関する事故に関しては、

- テストシナリオが網羅的ではなく、不具合を発見できなかった
- 安全関連系の機能でありながら、一つの不具合で動作に支障をきたした

などの課題がある。これらについては過去の知見や事例などを収集分析に予防できる。

IoTでは、過去の知見や事例などでは想定できない問題も懸念される。このため、事前の脅威脆弱性に関するリスク分析を実施し、開発プロセスの上流からセーフティとセキュリティの対応を組み入れることが重要である。

図5-7 示すようにセーフティとセキュリティの設計プロセスはV字開発モデルで表せる。機器やシステムを構成する組み込みシステムに対して、図に示すようなプロセスでリスクを低減するためのセーフティとセキュリティ機能を組み込む設計を行う。要件定義から具体的なシステム、ソフトウェア設計を分析繰り返し、

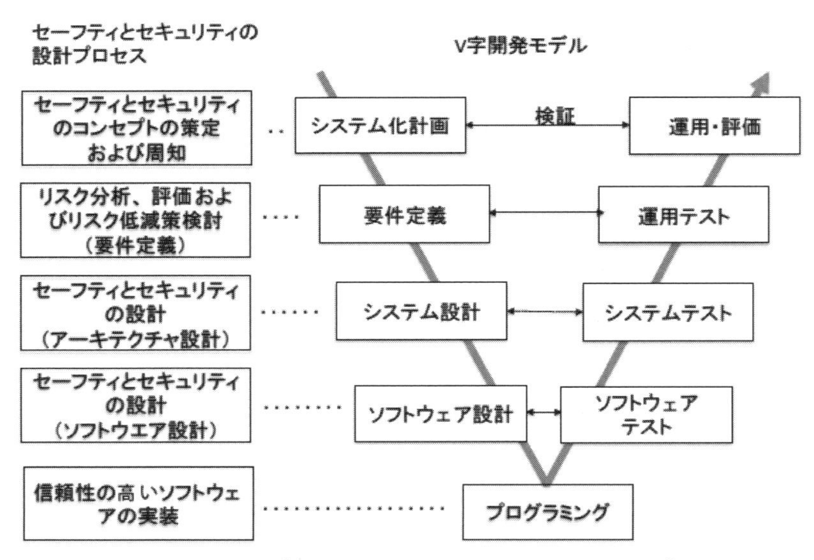

図5-7　V字開発モデルとセーフティとセキュリティの設計プロセス

詳細化を行うことが必要である。

5.5　IoT システムのリスク評価

IoT のセキュリティに関して、具体的な対策技術は数多く、まだ開発中であるため、ここで特定の技術を述べても正確な情報を提供できない。システムにおけるセキュリティあるいはプライバシーに関する脅威を把握し、脆弱性を作りこまないことである。このため、重要なことは、リスク評価を適正に実施することである。下記にリスク評価の代表例を紹介する。

5.5.1　共通脆弱性評価システム CVSS

IoT のセキュリティの事前評価には共通脆弱性評価システム CVSS（Common Vulnerability Scoring System）が有効と言われている[7][27]。

CVSS は、情報システムの脆弱性に対するオープンで汎用的な評価手法であり、ベンダーに依存しない共通の評価方法を提供する。CVSS を用いると、脆弱性の深刻度を同一の基準の下で定量的に比較できるようになる。また、ベンダー、セキュリティ専門家、管理者、ユーザー等の間で、脆弱性に関して共通の言葉で議論できるようになる。

CVSS は、**図5-8** に示すように、次の 3 つの基準で脆弱性を評価する。

(1) 基本評価基準 (Base Metrics)

脆弱性そのものの特性を評価する基準である。情報システムに求められる 3 つのセキュリティ特性、「機密性（ Confidentiality Impact ）」、「完全性 (Integrity Impact)」、「可用性 (Availability Impact)」に対する影響を、ネットワークから攻撃可能かどうかといった基準で評価し、CVSS 基本値 (Base Score) を算出する。

この基準による評価結果は固定していて、時間の経過や利用環境に依存しない。ベンダーや脆弱性を公表する組織などが、脆弱性の固有の深刻度を表すために評価する基準である。

(2) 現状評価基準 (Temporal Metrics)

脆弱性の現在の深刻度を評価する基準です。攻撃コードの出現有無や対策情報が利用可能であるかといった基準で評価し、CVSS 現状値 (Temporal Score) を算出する。

この基準による評価結果は、脆弱性への対応状況に応じ、時間が経過すると変化する。ベンダーや脆弱性を公表する組織などが、脆弱性の現状を表すために評価する基準である。

(3) 環境評価基準 (Environmental Metrics)

製品利用者の利用環境も含め、最終的な脆弱性の深刻度を評価する基準です。攻撃を受けた場合の二次的な被害の大きさや、組織での対象製品の使用状況といった基準で評価し、CVSS 環境値 (Environmental Score) を算出する。

この基準による評価結果は、脆弱性に対して想定される脅威に応じ、製品利用者毎に変化する。製品利用者が脆弱性への対応を決めるために評価する基準である。

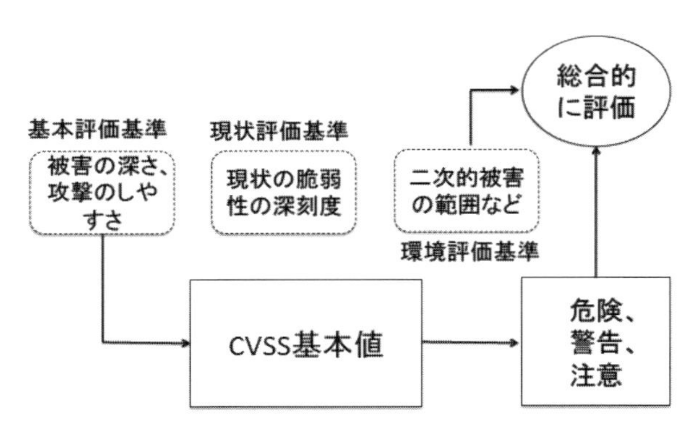

図5-8　CVSS における脆弱性の深刻度評価のイメージ

5.5.2　プライバシーに関するリスク評価

(1) プライバシーバイデザイン

IoT においてはセキュリティだけでなく、プライバシーの問題もある。プライバシーの対策は、事前対策が基本であり、Privacy by Design（PbD）の考え方で対処が必要である。

プライバシーバイデザイン PbD とは、「計画的なプライバシー対策」であり、

カナダ オンタリオ州情報&プライバシーコミッショナーの Ann Cavoukian 博士が 1990 年代に提唱したものである。定義は、「プライバシー侵害のリスクを低減するために、システムの開発においてプロアクティブ（proactive 事前）にプライバシー対策を考慮するというコンセプトであり、企画から保守段階までのシステムライフサイクルで一貫した取り組みを行うこと」である [28]。

PbD のコンセプトを**図5-9** に示す。PbD は情報技術だけでなく、組織や社会基盤も適用対象としている。PbD の実施は適用対象に 7 つ原則（**図5-9** の柱と屋根に相当する部分）を適用する。また、アプリケーションにプライバシー強化技術（Privacy-Enhancing Technologies 以下 PET と表記）を組み込み、組織のプライバシーリスクの低減対策を行うことである。

PET は、「個人情報の不必要又は違法な処理を防ぎ、個人データに関する個々のコントロールを強化するためのツール、及びコントロールを提供することにより情報システムの個人のプラバシー保護を強化する情報通信技術」のことである。例えば、情報の盗難に対しては暗号化技術、成りすまし防止に対しては認証技術がある。

PbD は、個人情報の公正な運用についての原則（Fair Information practices、

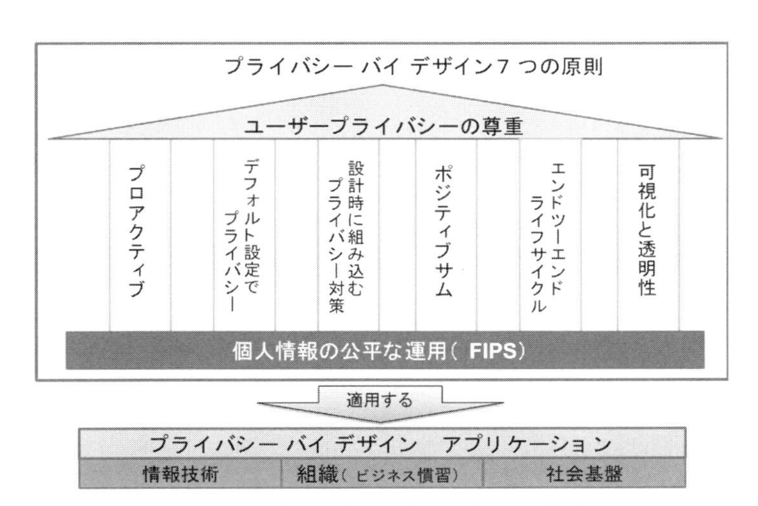

図5-9　プライバシーバイデザインの構成

以下FIPSと表記）に則りシステムを構築することを勧めている。FIPSとは、個人情報を扱うシステムの設計開発に関する技術や個人情報に関する公正な運用についての原則をいう。

なお、FIPSの原則は、以下の通りである。

①通知：個人情報を収集する者は、事前に情報の取り扱いについて、個人情報の所有者である当事者に開示する。

②選択：個人情報を収集する場合はその使用方法について、当事者に選択権を与える。

③アクセス：収集した個人情報を当事者が参照及び訂正することが可能とする。

④セキュリティ：情報の不正利用に対して妥当な対策をとる。

FIPSの原則はOECDガイドラインを基礎としており、米国プライバシー法やEUデータ保護指令に採用されている。

従来、社会の安全性を確保するには、セキュリティを強化し、ある程度のプライバシーの侵害は仕方がないという考え方が多かったが、PbDでは、セキュリティとプライバシーの両方の安全性を成立させるポジティブサム（Positive-Sum Paradigm）を基本としている。

ポジティブサムの視点では、セキュリティ対策とプライバシー保護はWin-Winの関係が可能であり、プライバシーに配慮した効率的なセキュリティ対策ができる。つまり、ポジティブサムとは、システム構築に際してプロアクティブにビジネスプロセスにプライバシー対策とセキュリティ対策を両立し実装することである。

PbDのコンセプトを実現する手法がプライバシー影響評価である。個人情報を扱うシステムの構築にあたって、事業実行前のプライバシーリスク評価の実施で計画改善を図ることを目的としている。これにより、ITシステム運用のリスク回避や、個人情報を提供する個人や関心のある世論への説明責任の実施することができる。以下に概要を紹介する。

（2）プライバシー影響評価

①プライバシー影響評価の背景

1990年代に、個人情報の電子化が進むとともに情報システムの構築におけるプライバシーの問題が生じ、プライバシー影響評価（Privacy Impact Assessment、以下PIA））の実施が検討され始めた。90年代後半、行政機関による予算承認のプロセスとして、独立した第三者機関によるPIAの実施が義務化されたことによりPIAがカナダ、ニュージーランド及びオーストラリアで先行し実施された[11][12]。

PIAとは個人情報の収集を伴うシステムの導入・改修の際に、プライバシー問題の回避・緩和のために、プライバシーへの影響を「事前」に評価するリスク分析手法である。

PIAの実施結果を踏まえ、必要に応じて、システムの運用的及び技術的な面から構築するシステムの仕様の変更を促すものである。PIAを実施し、システム稼働前に変更を行うことにより、システム稼働後にプライバシー問題が発生し、システムの稼動停止や、それに伴い発生するビジネス上のリスク、システム改修に伴う費用負荷を軽減することができる。

図5-10はPIAの機能構成を示す。PIAは、プライバシー・フレームワークとプライバシー・アセスメント、プライバシー・アーキテクチャー3つの機能で構成される。

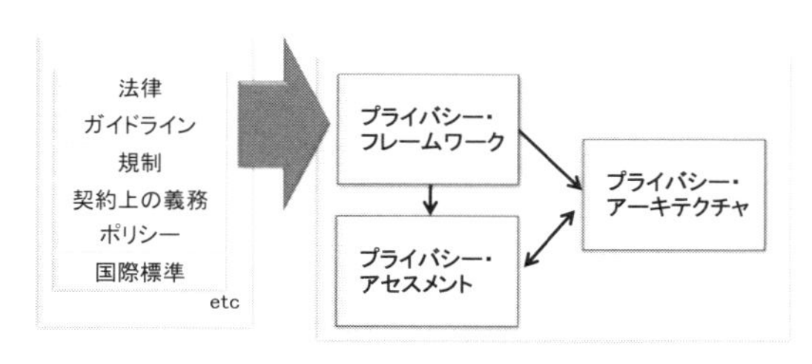

図5-10 プライバシー影響評価の概要

法律、ガイドライン、規則、契約上の義務、ポリシーなどは、アセスメントを行うための入力データとなる。

• プライバシー・フレームワーク

制度面からのアプローチである。法律、ガイドライン、規則、契約上の義務、既存のポリシーなどをもとに、対象システムに必要となるプライバシー要件の抽出や評価シートなどを定める。

• プライバシー・アセスメント

運用面からのアプローチである。プライバシー・フレームワークを元に、システムのデータフロー分析、及び評価シートなどを用いプライバシーに関する影響分析を行う。

• プライバシー・アーキテクチャー

技術面からのアプローチである。プライバシー・フレームワーク、プライバシー・アセスメントを元に、システム設計仕様を検討し、技術的にプライバシーに関する問題解決を図る。

本書の執筆が終了し校正段階になり、下記の２つのセキュリティに関する情報が web にアップされた。したがって、追補として記載した。詳細は該当ホームページなどから情報をダウンロードしていただきたい。

• IPA つながる世界の開発指針
  https://www.ipa.go.jp/sec/reports/20160324.html
• IoT推進コンソーシアム・IoTセキュリティワーキンググループ
  http://www.iotac.jp/wg/

活動の概略を述べる。

（1）IPA つながる世界の開発指針

独立行政法人情報処理推進機構技術本部　ソフトウェア高信頼化センターは、「つながる世界の開発指針」～安全安心な IoT の実現に向けて　開発者に認識してほしい重要なポイントというドキュメントを公開している。web では、下記のことが記述されている。

(i) 概要

自動車や家電などのあらゆる製品がインターネットに接続し、製品同士が相互に接続する「IoT 社会」の到来により、利便性が高まることが期待される一方、想定外のつながりにより、IoT 製品の利用者や製品の安全性・セキュリティを脅かすリスクの発生が懸念されている。

上記の背景を踏まえIPAでは、産業界や学界の有識者で構成される「ワーキンググループ（WG）」を2015年8月に発足し、IoT 製品の開発者が開発時に考慮すべきリスクや対策に関する検討結果を取りまとめ、今回、「つながる世界の開発指針」として策定し、IPAのウェブサイト上に公開した。

今回策定した開発指針は、IoT 製品があらゆるモノとつながることを想定し、IoT 製品の開発者が開発時に考慮すべきリスクや対策を指針として明確化したものである。また、開発指針は特定の製品分野・業界に依存しないことを念頭に策定しており、IoT に関連するさまざまな製品分野・業界において分野横断的に活用されることを想定している。なお、IoT 製品の安全性・セキュリティに関するリスクとその対策に着眼し、分野横断的に活用できる開発指針は他に存在せず、国内初のIoT 製品に関する開発指針であるといえる。

また、より多くのIoT 製品開発者に本開発指針を活用してもらうことを目的に、産官学が共同で推進し、IoT 関連の民間事業者が多数参画しているIoT 推進コンソーシアムにおいて「IoT セキュリティガイドライン」が検討中であることを踏まえ、IPAは同コンソーシアムに対して、開発指針の採用を積極的に提案していく予定であると表明している。

本開発指針の特徴は以下の通りである。

(ii) つながる世界の開発方針の特徴

- IoT製品を開発する企業全体の「方針」の策定、つながる場合のリスクの「分析」、リスクへの対策を行うための「設計」、製品導入後の「保守」や「運用」といった製品の開発ライフサイクル全体において考慮すべきポイントを全17の指針として明示（**表5-4**）。
- それぞれの指針毎に、取り組むための背景や目的、具体的なリスクと対策の例を解説。
- 指針一覧はIoT製品開発時のチェックリストとしても活用が可能。またIoT製品を調達する利用者側においても自社の要件確認時のチェックリストとしても活用が可能。

- 開発者に限らず、経営者層がIoT製品に想定されるリスクや対策を、自社が取り組むべき課題と認識し、理解を深めてもらうためのガイドとしても活用が可能。

表5-4　開発指針一覧

大項目		指針
方針	つながる世界の安全安心に企業として取り組む	指針1 安全安心の基本方針を策定する
		指針2 安全安心のための体制・人材を見直す
		指針3 内部不正やミスに備える
分析	つながる世界のリスクを認識する	指針4 守るべきものを特定する
		指針5 つながることによるリスクを想定する
		指針6 つながりで波及するリスクを想定する
		指針7 物理的なリスクを認識する
設計	守るべきものを守る設計を考える	指針8 個々でも全体でも守れる設計をする
		指針9 つながる相手に迷惑をかけない設計をする
		指針10 安全安心を実現する設計の整合性をとる
		指針11 不特定の相手とつなげられても安全安心を確保できる設計をする
		指針12 安全安心を実現する設計の検証・評価を行う
保守	市場に出た後も守る設計を考える	指針13 自身がどのような状態かを把握し、記録する機能を設ける
		指針14 時間が経っても安全安心を維持する機能を設ける
運用	関係者と一緒に守る	指針15 出荷後もIoTリスクを把握し、情報発信する
		指針16 出荷後の関係事業者に守ってもらいたいことを伝える
		指針17 つながることによるリスクを一般利用者に知ってもらう

開発指針の公開を通じてIPAは、IoT製品を開発する企業の開発者や経営者などに積極的に活用されることで、より一層、安全・安心なIoT製品の開発が進み、IoT製品の利用者である国民一人ひとりが安心してIoT製品を利用できる環境整備につながることを期待している。

開発指針で定義する「安全安心」「セキュリティ」「リライアビリティ」を次のように定義している。

なお、「つながる世界の開発指針」の目次構成は以下のとおりである。

第1章　つながる世界と開発指針の目的

第2章　開発指針の対象

第３章　つながる世界のリスク想定

第４章　つながる世界の開発指針

第５章　今後必要となる対策技術例

用語	本開発方針での意味
安全安心	対象とする機器やシステムのセーフティ、セキュリティ、リライアビリティが確保されていること
セーフティ	機器やシステムが、人間の生活または環境に対する潜在的なリスクを緩和する度合い（リスク回避性）
セキュリティ	人間または他の機器やシステムが、認められた権限の種類および水準に応じたデータアクセスの度合いを持てるように機器の種類及びデータを保護する度合い
リライアビリティ	明示された時間帯で、明示された条件下に、機器やシステムが明示された昨日を実行する度合い。加えて、他の機器やシステムと適切に情報を交換しつながること（相互運用性）、その他の機器やシステムに有害な影響を与えないこと（共存性）なども含む

図5-11　本開発指針における安全安心の意味

（2）IoT セキュリティワーキンググループ

IoT セキュリティワーキンググループ WG は、IoT 推進コンソーシアムが設置したワーキンググループである。

IoT 推進コンソーシアムの目的は、産学官が参画・連携し、IoT 推進に関する技術の開発・実証や新たなビジネスモデルの創出推進するための体制を構築することを目的として、① IoT に関する技術の開発・実証及び標準化等の推進、② IoT に関する各種プロジェクトの創出及び当該プロジェクトの実施に必要となる規制改革等の提言等を推進する。

IoT セキュリティ WG は、第１回会議を 2016 年１月 21 日に開催した。いくつかの資料が公開されている。

このWGで検討しているガイドラインの構成は、下図のようになっている。

２つの議題に対し、サブWGを設置し、2016年5月完成を目標にIoTセキュリティガイドラインを開発する予定である。

議題1 IoT機器などの設計・製造・構成・管理にもとめられるセキュリティガイドラインについて

想定する論点として、

- つながる機器などを設計・製造・構成・管理を行う事業者がどのような点に留意し、対策を行うべきか
- 保守・運用フェーズ、廃棄を想定したセキュリティ対策を行うべきではないか
- 保安の仕組みとの連携をどうするべきか
- IoTシステムを活用する企業がとるべき組織マネジメント体制はなにか

議題2 IoT機器の通信ネットワークへの接続に係るセキュリティガイドラインについて

- IoT機器の昨日に応じた適切なネットワークへの接続方法とは何か

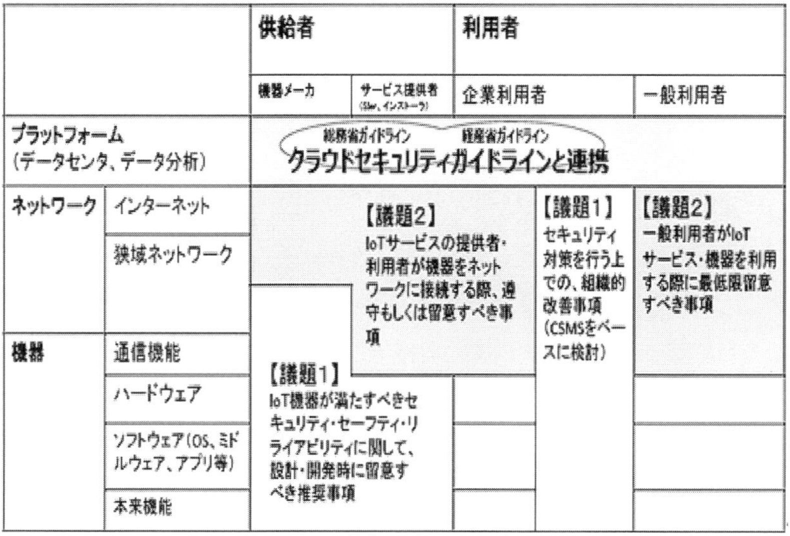

<table>
<tr><td colspan="2" rowspan="2"></td><td colspan="2">供給者</td><td colspan="2">利用者</td></tr>
<tr><td>機器メーカ</td><td>サービス提供者
(SIer、インストーラ)</td><td>企業利用者</td><td>一般利用者</td></tr>
<tr><td colspan="2">プラットフォーム
(データセンタ、データ分析)</td><td colspan="4">総務省ガイドライン　経産省ガイドライン
クラウドセキュリティガイドラインと連携</td></tr>
<tr><td rowspan="2">ネットワーク</td><td>インターネット</td><td colspan="2" rowspan="2">【議題2】
IoTサービスの提供者・利用者が機器をネットワークに接続する際、遵守もしくは留意すべき事項</td><td rowspan="6">【議題1】
セキュリティ対策を行う上での、組織的改善事項
(CSMSをベースに検討)</td><td rowspan="2">【議題2】
一般利用者がIoTサービス・機器を利用する際に最低限留意すべき事項</td></tr>
<tr><td>狭域ネットワーク</td></tr>
<tr><td rowspan="4">機器</td><td>通信機能</td><td rowspan="4">【議題1】
IoT機器が満たすべきセキュリティ・セーフティ・リライアビリティに関して、設計・開発時に留意すべき推奨事項</td><td></td><td></td></tr>
<tr><td>ハードウェア</td><td></td><td></td></tr>
<tr><td>ソフトウェア(OS、ミドルウェア、アプリ等)</td><td></td><td></td></tr>
<tr><td>本来機能</td><td></td><td></td></tr>
</table>

図5-12 IoTセキュリティWGで検討するガイドラインの対象と内容

- 通信ネットワークに接続されたIoT機器に関し、セキュリティリスクの把握をどのように行うべきか
- 通信ネットワークに接続し、利用されているIoT機器について、セキュリティのリスクが発見された場合、その適切な対処の方法はなにか
- 一般利用者が安全にIoTを利用するための留意点はなにか

IoT セキュリティに関する最新の状況を紹介したが、上記のようにまだ検討中である。IoT セキュリティの具体的対策技術などが明確になるには、もう少し時間がかかると考える。

参考文献

[1] 三菱総合研究所：IoT まるわかり、日経文庫、2015.9
[2] CSA Mobile Working Group: peer Reviewed Document Security Guidance for Early Adopters of the Internet of Things (IoT) April 2015 https://downloads.cloudsecurityalliance.org/whitepapers/Security_Guidance_for_Early_Adopters_of_the_Internet_of_Things.pdf#search='CSA+IoT'
[3] 瀬戸洋一：情報セキュリティ概論、日本工業出版、2007
[4] ITmedia：「モノのインターネット（IoT）」製品の 70％にセキュリティ問題 http://www.itmedia.co.jp/enterprise/articles/ 1407/31/news038.html
[5] 稲田 修一（監修）：インプレス標準教科書シリーズ M2M/IoT 教科書、インプレス、2015.5
[6] IPA：情報セキュリティ白書 2015、IPA、2015
[7] IPA：つながる世界のセーフティ & セキュリティ設計入門、IoT 時代のシステム開発『見える化』、IPA、2015
[8] 瀬戸 洋一：スマートシティにおけるプライバシー影響評価の適用、Vol.133、pp.1427-1435、電気学会論文誌C、2013
[9] 伊藤聡，島田毅，神田充：スマートグリッドにおける情報セキュリティ、東芝レビュー、Vol.66、No.11、pp.6-9、2011
[10] 藤井秀之，山口健介：スマートグリッドとプライバシー・個人情報の保護、信学技報 SITE2010-40、pp.35-40、2010
[11] Smart Privacy for the Smart Grid: Embedding Privacy into the Design of Electricity Conservation、2009.11
[12] 伊藤聡、山中晋爾、駒野雄一：北米におけるスマートグリッド・セキュリティの取り組み、平成 23 年電気学会全国大会、第 1 分冊、pp.5-7、2011,3
[13] NISTIR 7628 Guidelines for Smart Grid Cyber Security: Vol.2、Privacy and the Smart Grid、NIST、August 2010.8

[14] NIST Smart Grid High Level Consumer to Utility Privacy Impact Assessment Draft v3.0、2009.9
[15] ウェブカメラ、ネットで丸見え3割パスワード設定せず，2015.03.16 http://www.asahi.com/articles/ASH3654C1H36PTIL00W.html
[16] トレンドマイクロ（株）：IoT時代のプライバシーとセキュリティ意識、米国、欧州、日本の個人ユーザを対象にした意識調査、2015.3 http://www.trendmicro.co.jp/jp/about-us/press-releases/articles/20150423011206.html
[17] BBC NEWS: Trendnet security cam flaw esposes video feeds on net、2012.3.8http://www.bbc.com/news/technology-16919664
[18] NHK NEWSWEB：NEWS UP ネットで丸見え？防犯カメラ，2016.01.25 http://www3.nhk.or.jp/news/html/20160121/k10010380631000.html
[19] 荻野司：IoTにおける脅威と脆弱性検討のポイント、情報処理学会2015連続セミナー第5回、2015.11.24
[20] 車のハッキングに現実味　遠隔操作でエンジン停止も http://www.asahi.com/articles/ASH974WJ8H97ULFA014.html
[21] POS端ハッキング被害：http://sitebreaker.net/posハッキング被害/
[22] 利便性の陰で薄まる危機意識　複合機などデータ丸見え：http://www.asahi.com/articles/ASHDD45K9HDDPTIL00B.html
[23] 商務情報政策局：IoT社会への対応に向けたデータ利活用・セキュリティ強化施策の論点：http://www.meti.go.jp/committee/sankoushin/shojo/johokeizai/pdf/005_02_00.pdf#search='IoT社会への対応に向けたデータ利活用'
[24] FTC Staff Report：internet of things　Privacy & Security in a Connected World、January 2015　https://www.ftc.gov/system/files/documents/reports/federal-trade-commission-staff-report-november-2013-workshop-entitled-internet-things-privacy/150127iotrpt.pdf#search='FTC+Staff+Report+internet+of+things'
[25] IPAセキュリティ：https://www.ipa.go.jp/security/awareness/awareness.html
[26] http://e-words.jp/w/耐タンパー性.html
[27] IPA：共通脆弱性評価システムCVSS概説、https://www.ipa.go.jp/security/vuln/CVSS.html
[28] 瀬戸洋一：実践的プライバシーリスク評価技法：プライバシーバイデザインと個人情報影響評価、近代科学社、2014

webサイトは2016年3月に確認

6. IoTの応用事例

6. IoT の応用事例

6.1 概要

ネットワーク経由して複数の機械を連携させることは技術的に困難であったが、標準化やインターネットの普及など IT インフラが整備され、複数のデバイスが相互にデータを共有・連携可能となった。このため、システムが自律して稼働するスマートハウスやスマートシティ、スマートファクトリーなどの構築が容易となった。構築が容易になった背景として、上記ネットワーク環境の標準化以外にも安価なデバイスの普及やクラウドコンピューティングなどの IT 機器のほか、ビッグデータ解析などの分析技術の進歩によるところが大きい [1] [2]。

IoT は、ビジネスを大きく変革させる。IoT の活用により顧客のニーズや提供するサービス、データの役割に影響を与えるため、新たな価値の創造が可能となると言われている [1] [3]。例えば、米電気自動車メーカー Tesla Motors 社では、ソフトウェアの更新をインターネットを通して自動更新できるという仕組みを実現している。他に、米大手保険会社 Progressive 社では、同社が開発したデバイスを通してユーザーの運転状況を把握し、保険料を算出するサービス Snapshot

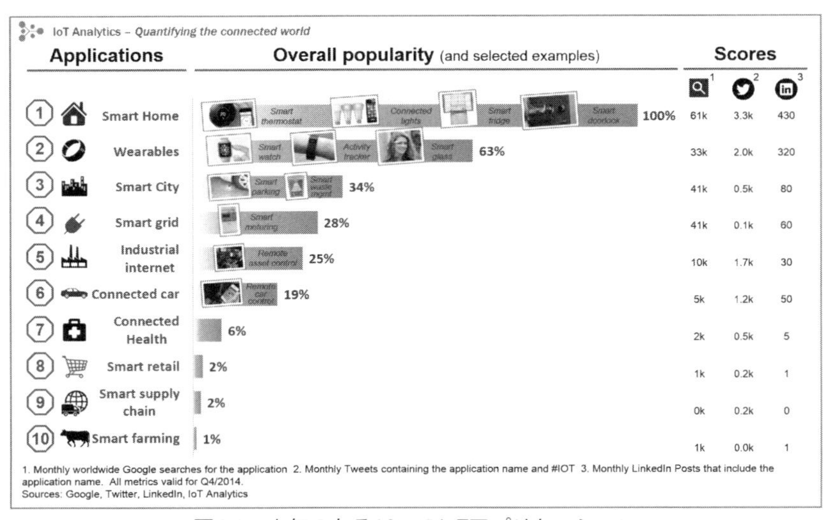

図6-1　人気のある10つのIoTアプリケーション

を提供している[4]。

図6-1に示すように、IoT Analyticsは、IoT関連アプリケーションの人気度を公開した[5]。

調査報告では、10つの人気IoTアプリケーションを挙げている。我々の生活に近いスマートホームやスマートシティが上位にランクされている。IoTは身近な応用から農業や産業などにも展開されている[6][7]。

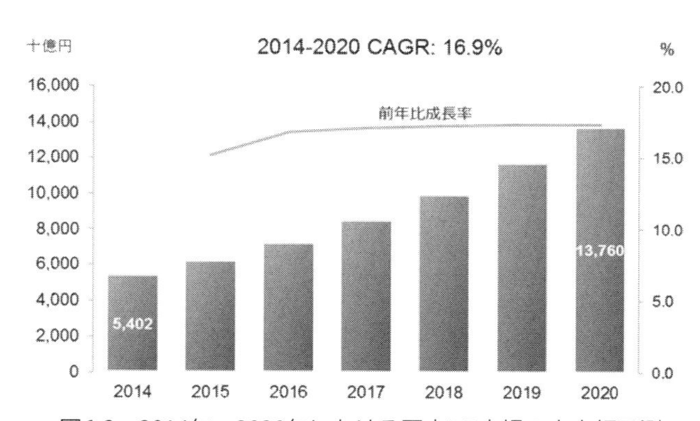

図6-2 2014年〜2020年における国内IoT市場の支出額予測

表6-1 IoTの応用事例

分 野	特 徴	事 例
生活	各デバイスをネットにつないで、相互連動や収集したデータによる学習とスマートフォンなどのモバイルデバイスでの制御を可能にした、新たなサービスを提供	Nest Lab社の温度調整装置、August社のスマート・ドアロック、Root社の防災関連デバイス、Philips社のHueやLIFXのスマート照明、米アイロボット社のルンバ、セコムの防犯ドローンなど
製造業	IoTを基にしたネットを通じた産業機械同士の連携による新しい製造体系による生産の効率化	シーメンス社のアンベルク工場、GEのPredix、富士通アイ・ネットワークシステムズ、三菱電機のe-F@ctoryなど
都市と交通	街全体から収集したデータを活用して、環境や災害、エネルギー、共通などの都市問題を解決	ニューヨーク市のLink、バルセロナ市、日本の「次世代エネルギー・社会システム実証地域」プロジェクト、東京電力のスマートメーター、ドコモバイク・シェアなど
自動運転	車両の状態や周囲の道路状況などの様々なデータをセンサーにより取得し、自動で走行	Google Self-Driving Car、テスラモーターズのオートパイロットなど
農業	ロボット技術やICTを活用して超省力・高品質生産を実現	NECの農業ICTクラウドサービス、PSソリューションズのe-kakashi、カゴメのトマトの海外生産にIT活用など

図6-2 に示すように、ID Japan によると日本国内の市場規模は、2020 年まで年間平均成長率 16.9% で成長、2020 年には 13 兆 7,595 億円にまで拡大すると分析した [8]。

表6-1 は IoT 応用事例を示す [6]。以下、表にもとづき IoT の応用を 5 つの分野に区分し、各分野の代表的事例を紹介する。

6.2 生活分野

一般消費者が「モノのインターネット」(IoT) を近く感じられる代表例は、家の中にあらゆるモノをインターネットに接続し、スマートフォンのようなモバイル機器で制御を可能にしたスマートホーム関連商品である。

図6-3 に示すように、現在市場でのスマートホーム関連 IoT 製品は、数多く出ている。例えば、遠隔で管理されるスマートプラグ、ネットワーク機能が追加されたドアロック、無線リモコン機能を活用して各種の家電商品をコントロールできるスマートハブ、各種センサーと連携して防犯機能まで提供する IP カメラなどがあり、ユーザーの利便性を改善したサービスを提供している [9]。例えば、人の動きを感知すれば、照明は明るくなり、コーヒーを入れ始め、室内の温度調節も人に動きに合わせて自動に変える。

IoT は、単に新技術を適用した製品ではなく、ユーザーにどのような価値やサービスを提供するべきであるかの観点で開発される [51]。

スマートホームデバイスの代表的な製品は Google 社に買収された Nest Lab 社の製品である。以下に紹介する。

6.2.1 Google 社の取り組み

Google は、傘下の Nest lab 社を通して、**図6-4** に示すスマートハウス用 IoT デバイスを発売している [10]。Nest Labs 社は、もともと家庭の Thermostat（サーモスタット・温度調整）をユーザーの行動パターンと周辺の環境を学習して、自動制御したり、スマートフォンから遠隔で制御できるスマートデバイスを開発、販売していた。

Nest Labs はプラットフォームとして、「スマートホーム・プラットフォーム」

を提供している。これは、さまざまな機器とNest製品（サーモスタット「Nest」や煙探知機「Protect」など）を連動させるとともに、Nestが学習した情報をクラウドに蓄積・活用することによる機器間連携の実現を目的としており、OSを問わず、独自のハブを使用することでリモコン、自動車、ガジェット*等の情報を一元的に管理するシステムである。

例えば、帰宅途中に、自宅までの所要時間を予測し、「Nest Thermostat」が事前に室内を調整するということができる。火災があった場合、「Nest Protect」が煙を探知、スマート電球と連動していれば、スマート照明の色を変えて問題の発生を知らせたり、旅行中の空き巣を防ぐために電球を自動的に点けたり消したりするといったことが出来る。

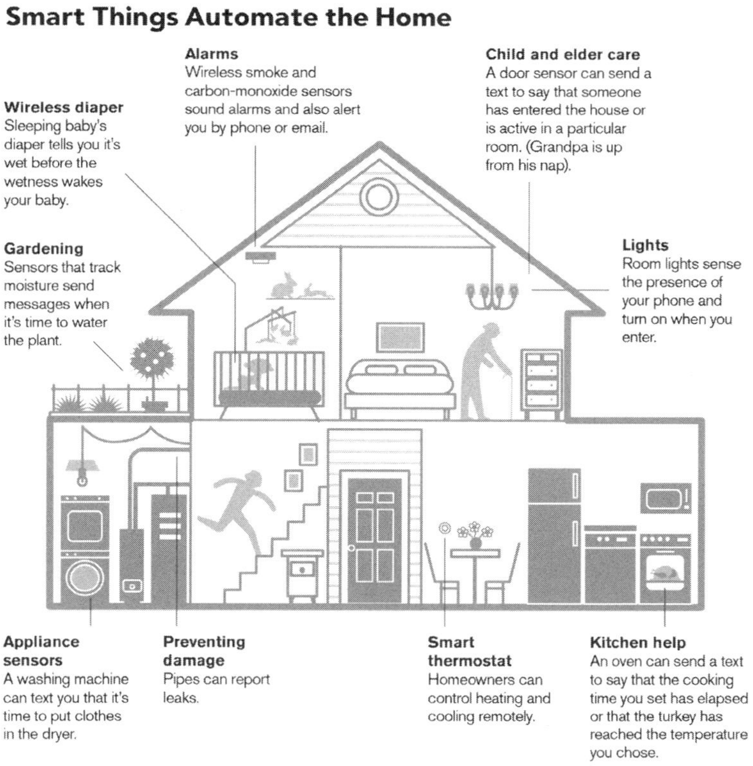

図6-3　スマートホームのコンセプト

＊ガジェット（gadget）：スプース主にパソコン上で動作する小型のアプリケーションの総称である。ガジェットは、ユニークな小道具というような意味であり、もともとは安価で手軽に買えるおもちゃ的な個人用デジタル機器のことを指していた。最近では、単機能で便利な、あるいはユニークな小型アプリケーションを指すことが多い。

小型のアプリケーションとしてのガジェットには、代表的なものとして、インターネットから随時データを受信して情報を更新するというものがある。提供される機能は、時計をはじめ、天気予報、ニュース、株価情報などが主となっており、比較的、画面の端に常に表示させておくと便利なものが多い。それぞれの機能は分離して表示されており、どれを表示させるかをユーザーが自由に選択できるようになっている（IT用語辞典バイナリー）。

図6-4　Nest Thermostat

図6-5に示すように、「Nest Cam」は、ネットに接続されたカメラで、「Nest Aware」と言うセキュリティシステムのサービスが利用可能である。マグネット付で冷蔵庫にも設置できる。

図6-5　Nest Cam

セキュリティシステムの「Nest Aware」は、クラウドベースのサービスで、例えば、1カ月間のカメラの記録を観覧したり、内容の共有が可能であるActivity Zonesというものを設定すれば、エリア内で動きがあれば、通知機能もある。Nest Protect、Thermostatと連携することもできる。例えば、Nest Protectが煙を感知した場合、Camが映像を直ちにユーザーに配信することが可能である[11]。

6.2.2 進化するスマートホームデバイス

(1) ホームセキュリティ

August社は、スマートフォンで操作可能なスマート・ドアロック製品を提供している。**図6-6**に示すように、「August Smart Lock」の本体は、通常ドアノブの上にあるキー・シリンダーを設置する穴に取り付ける。乾電池で動き、Bluetoothでスマートフォンと接続する。電気やWi-Fiなどが切断された場合も電池により作動できる[12]。

「August Smart Lock」は、ドアロックに対する全体的コントロールとどんな訪問客がログイン中であるか、ログアウトしたかリアルタイムで確認可能なシステムであり、誰が家に入ることができるかを利用者が制御できる。

スマートフォンをロックするデバイスとして操作可能で、鍵が必要なくなるだけではなく、紛失や、ピッキング等の心配もなくなる。

「August Connect」というWi-Fiハブを家の中に設置すると、遠隔操作とクラウド系アプリケーションが利用可能となる。例えば、Connectまで接続した状態であれば、特定の相手に鍵を開ける認証を与えることと、開閉のログをとれる。

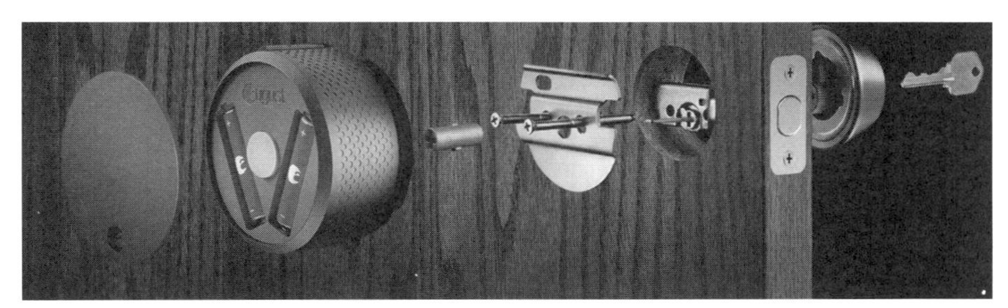

図6-6　August Smart Lock

これにより、自分が家にいなくても、家族には、24時間365日出入りを可能にし、清掃員や、パーティに招待した人に特定の時間だけ鍵の認証を与えておくこともできる。

図6-7に示すように、「Canary All-In-One Security」は、映像分析を基盤にしたホームCCTV製品である。特に、False alarm、即ち、偽りの警報の発生を防止するUSP（Unique Selling Point）として市場で成功している[13]。

Canary All-In-One Securityは問題が発生した際、機器から使用者にすぐに警報を伝送する既存システムと異なり、クラウドサーバのエンジンで家庭のすべての可用情報（映像、音、温度、湿度など）と、既存のビックデータを総合的に判断した後に決定するため、誤った警報の発生を最小化する。

この商品の特徴として、広角レンズを使い、広範囲にリアルタイムで撮影可能で、映像を分析（VA；Video Analytics）することにより、家の中の状況を分析し、異常状態を判断することができる。カメラ機能以外の空気の状態や温度、湿度などをスマートフォンアプリから確認できるので、ホームヘルスケアへの応用が可能である。

図6-7　Canary All-In-One Security

(2) 防災関連のデバイス

Roost社のRoost Smart Batteryは、**図6-8**に示すように、Wi-Fi内蔵型火災警報器である。従来の煙探知機に使用される乾電池にIoT機能を組み込んだ製品であり、乾電池で使用されるが、煙探知機が警報を発すると自動でスマートフォンへ通知する機能を持つ[13]。

新しいIoT型の煙探知機を導入しなくても、従来の煙探知機をIoT化できるメリットがある。警報は登録した家族や知人のスマートフォンに自動的に送られる。

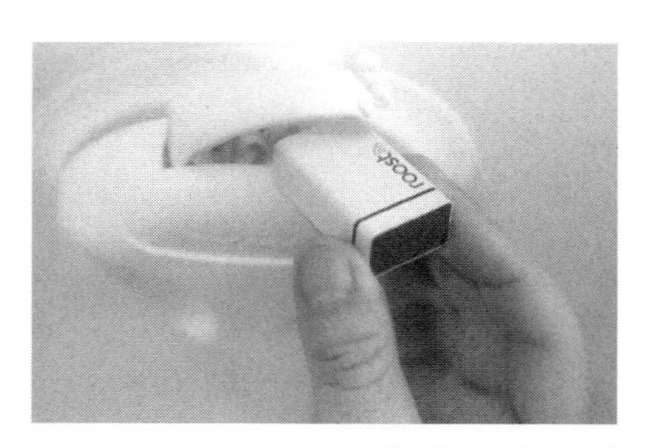

図6-8　Roost Smart Battery

(3) スマート照明

Philips社の販売するPhilips Hueは、電球の色を操作できるスマートフォン連動のLED電球である。**図6-9**に示すように、電球のソケットのネジ部分（スクリュー）にWi-Fi装置が組み込まれている[14]。Hueシステムの中枢で、コントローラであるHue bridgeに複数の電球を無線接続し、Bridgeをルーターと接続させると、スマートフォンやタブレット端末で各種の操作が可能になる。Hue bridgeによりアプリケーションと電球とを効果的に連携することができる。例えば、ルーターからWi-Fiにリンクし、同時に50個の電球を接続できる。Hue bridgeは、その時の気分によって色も際限無く変えることができる。明暗や色は利用者がカスタマイズすることができ、パソコンと連携すれば、照明が利用者に情報を伝えてくれる。

例えば、雨が降ると照明の色を青色に変化させたり、お気に入りのテレビ番組の開始時間を照明の点滅で知らせることもできる。さらに、子供の寝る時間になったら自動的に電気が消える、朝起きる時間には徐々に電気が明るくなって自然に目覚められる、外出中に家の電気をオン・オフする、などの操作もできる。元気になる青系統の白からやさしい黄色系統の白まで、同じ白でも様々な色調に変えることで、健康管理までできる。オンラインのコントロールパネルであるMyHueポータルを通じると世界中のどこからでもHueに接続できる。これに加え、Hue電球は通常の電球に比べて約80%の電力節減の効果があると言われている。

図6-9　HueとHue bridge

6.3　都市分野

スマートシティとは、ITやネットワークを都市機能に適用することで都市のエネルギーや資源などを効率よく使い、社会サービスなどを向上させる、経済的で、環境に配慮する都市を、整備する構想である[16][17]。

都市への人口集中は、いままで以上の行政サービスの向上、環境・エネルギー、交通システムインフラなどの都市機能に対し、効率的かつ持続的な整備が要求される。要求に対応するためには、これまでの限られたデータや人々の意見を基にした都市機能を、都市全体に設置されたセンサデータをリアルタイムで収集し、データの分析結果から都市の資源を効率よく、適切な地域に割り振ることが必要なことを把握できる。

日本では「スマートコミュニティ」の用語が広く使われており、**図6-10**に示すように、経済産業省の広報誌「METI Journal」の2011年10・11月号特集記事に取り上げられている[18]。

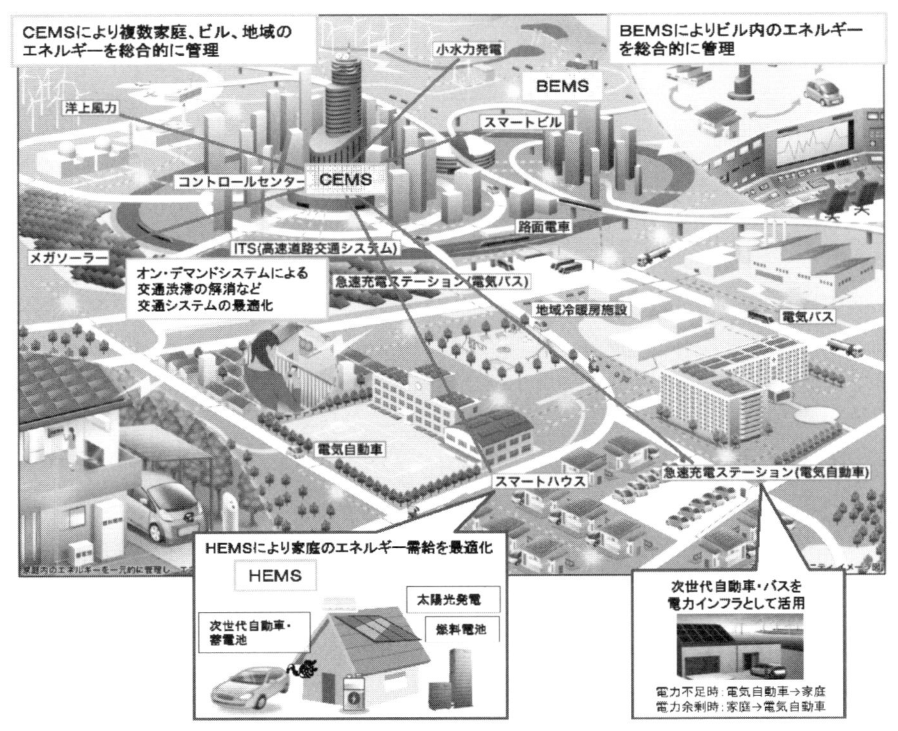

図6-10　スマートコミュニティのイメージ

6.3.1　世界各都市の取り組み

スマートシティを成功させるためには、インフラの構築はもちろん、そこから生成されるデータをどう管理するかが重要である。スマートシティを成功させるカギは、スマートシティの目指す目標に対し、市民の合意形成を行い、適切な運営体制を構成することである。

各国で、スマートシティが開発されているが、それぞれの都市が追い求めることは違う。スペインのバルセロナの場合は都市再生プロジェクトから始め、交通システムの最適化など様々なプロジェクトまで進化している。カナダのバンクーバーのスマートシティ戦略は市民協力の代表的な事例に挙げられている。計画の樹立のために3万5,000人の市民がオンライン、ワークショップ、イベントなどを通じて意見を提示し、9,500人がフィードバックに参加した。その結果、バンクーバーは世界で最も優れたエコシティの実現を目標と設定した[19]。

（1）米国ニューヨーク市

ニューヨーク市では、「Smart City, Equitable City」のキャッチフレーズで、環境に優しい都市つくりを目指し、情報端末の設置や再開発地区でのスマートシティ機能の構築を進めている[20]。

例えば、2014年11月発表した、LinkNYCプロジェクトは、携帯電話の普及と老朽化して使用されることが少なくなった公衆電話をLinkと呼ばれる情報端末へと置き換え、同時に無料のWi-Fiを提供するホットスポットにしている。**図6-11**に示すように、2016年1月末には正式に初の公衆ギガビットWi-Fiホットスポットがオープンした[21]。

図6-11　LinkNYCの情報端末器Link

Linkは約3メートルの直方体で、サービス範囲は最大約120mに無線Wi-Fiを提供することができる。スマートフォンなどを充電できるUSBの差込口、大型タッチスクリーンを通して市内の地図、緊急電話機能などがある。

ニューヨーク市では、2016年7月までには500台、2028年までに市内の7,500カ所設置を予定している。

他に、ニューヨーク市は、犯罪記録を基盤に、流動人口、天気、ソーシャルメディアなど、犯罪地域のさまざまなデータを融合して、リアルタイムで犯罪を予測する「CompStat」プログラムを運営している。

CompStatの導入に伴い、コンピュータ(地理情報システム)を用いた犯罪統計の解析が行われるようになり、これらの解析結果は毎週行われる犯罪戦略会議(CompStat Meeting)で使用され、戦術の展開、人員配置、そして警察業務の評価をする上で重要な役割を果たす[22]。

(2) スペイン　バルセロナ市

図6-12に示すように、バルセロナは最もスマート化された街の1つである。街中にセンサーを張り巡らされ、水道、外灯、エネルギー管理のためIoTプラットフォームを構築した[23]。

バルセロナ市は、**図6-13**に示すプロジェクトを推進し、有機廃棄物と街路樹の枝切りによって発生するごみを堆肥やバイオガスで再利用するなど、IT技術だけではなく、都市計画、生態学、IT技術を統合したスマートシティを目指している[24]。

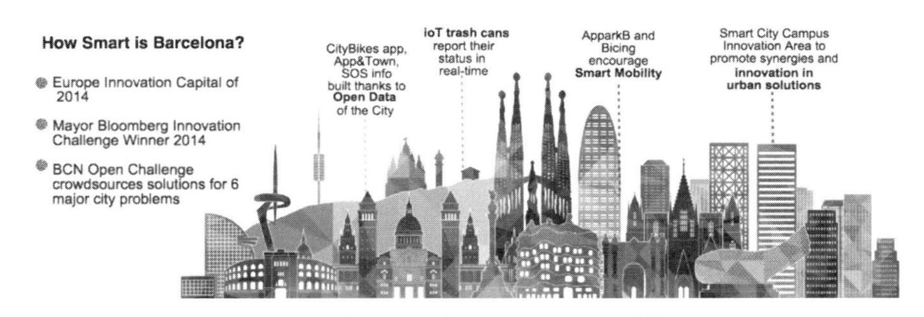

図6-12　バルセロナ市のスマートイティ構想

6.3.2　日本

経済産業省は2009年11月に省内にプロジェクトチーム「次世代エネルギー・

図6-13　バルセロナ市のプロジェクトの一部

社会システム協議会」を設置した。2010年、「次世代エネルギー・社会システム実証地域」として、横浜市、豊田市、けいはんな学研都市、北九州市の4地域が選ばれた。4地域における実証プロジェクトは、2010年からの2014年までの5年計画で、スマートグリッドおよびスマートシティのための要素技術から、仕組み、ビジネスモデルを検証した。4地域実証では、単に技術の検証にとどまらず、新サービス創出や、海外展開のための標準化に向けたデータなども収集した[25]。

(1) 横浜市

横浜市は「次世代エネルギー・社会システム実証地域」プロジェクトにより、家庭や業務ビルなど、既成市街地へのエネルギー受給バランスの最適化に向けたシステムの導入や実証を行った。日本を代表するエネルギー関連事業者や電機メーカーなど34社と横浜市が連携しプロジェクトで、HEMS4200、太陽パネル37MW、EV（電気自動車）2,300台を導入の実績をあげた[26]。

このプロジェクトはAPEC「ESCIベスト・プラクティス・アワード」で日本の都市としては初めての金賞を受賞した。

（2）京都市

京都市営バスは、観光客向けサービスの拡充を目指し、京都市は新システム導入により、バスの停留所に大型液晶ディスプレイを設置、バスの運行状況をリアルタイムで通知するサービスを開始した。788台のバス車両すべてにBeaconモジュールを搭載し、京都市内全域で整備される無料の公衆Wi-Fiと連動して、リアルタイムの到着案内を行うことが特徴である。Beaconモジュールを搭載した大規模なシステム構築事例であり、今後のBeacon利用の可能性を広げる[27][28][29]。

（3）NECのセーフティ事業

以上は自治体の事例であるが、IBMや日立製作所などの企業も独自にプロジェクトを推進している。一例としてNECの取り組みを紹介する。

NECは「Safer Cities」(セーファー・シティーズ)というセーフティ事業の新

図6-14 「Safer Cities」(セーファー・シティーズ)の7つのドメイン

体系で日本内に留まらず、グローバルに展開している。「Safer Cities」では**図6-14**に示すように7つのドメインを定義し、人々の安全と安心な暮らしの実現を目指している。バイオメトリック認証技術や監視技術、防災技術などフィジカル等セキュリティ分野において高機能センサー、ビッグデータによる分析、次世代ネットワーク技術等を融合した社会インフラソリューションを展開している[30]。

カンボジアで2016年度に開業予定の日本式医療施設Sunrise Japan Hospital Phnom Penhで利用される多言語対応クラウド型問診サービスの構築や、シンガポールでの「サイバーセキュリティ・ファクトリー」開設、リオデジャネイロ市における、国際大会向け大型水泳スタジアム「Estadio Aquatico Olimpico」のICTシステムを受注するなど、世界約40ヶ国に導入実績を有するセーフティの他、スタジアムICTプロジェクトやスマートシティ構想に対して、地域のニーズに即した提案活動を展開している[31]。

6.4 製造業分野

ドイツの「Industry 4.0」、米国の「Industrial Internet」など、IoTを基にしたネットを通じた産業機械同士の連携による新しい製造体系による生産の効率化を目指す動きが勢いを増している。

6.4.1 IT活用による製造業の進化

図6-15に示すように製造業界では、生産性を向上させるため、1970年代からMRP（Material Requirement Planning）を始め、1980年代に入り、コンピュータの発展により、生産活動に関連した管理部門の業務が追加された、MRP II概念が、1990年代に入ってからは、ICTの急速な発展により、分散化、開放化したシステムのERP（Enterprise Resource Planning）システムの登場による、企業全体のIT化が大きく進んだ[32]。

では、今後の製造業界の成長を導くIT技術は、IHS社によると、次の5年間でIoT、クラウド／ビッグデータ、3D印刷、エネルギーストレージ／先端バッテリー技術が製造業を大きく発展させるトップ技術だと考えている[33]。IoTによっ

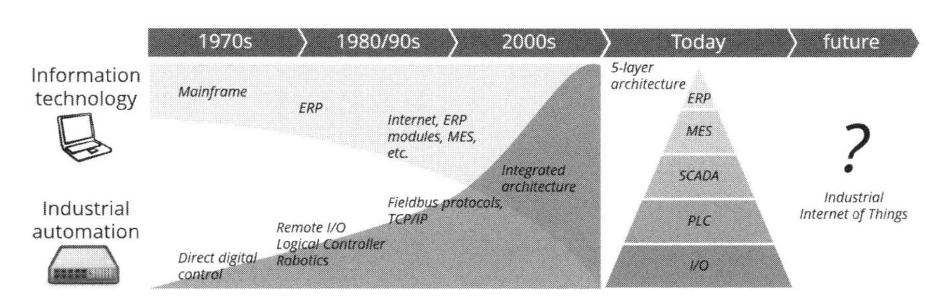

図6-15　ITと自動化の統合

て連携された産業機械は自動化を高め、3D印刷は多様な製品の少量製造を可能にし、クラウドとビッグデータは全ての工程における効率的な生産管理やデータ分析をよる予測を可能にする。

以下に、製造業を大きく発展させると期待を集めている次世代の製造体系とその一例を紹介する。

（1）Industry 4.0

21世紀に入ってからヨーロッパは、中国などの新興国の低労務費を梃子にした低価格攻勢による、製造業の劣勢を強いられてきている。その対策として、ドイツ政府は、2006年に、統合的な技術・イノベーション政策のための基本方針として「ハイテク戦略」を決定し、産官学を集った国家情報化戦略が始まった。Industry 4.0は2010年の「High-Tech Strategy 2020 Action Plan」の中で提唱された。Industry 4.0の目標は、様々なテクノロジーを活用したスマートファクトリーの構築することである[34][35][36][37]。

図6-16に示すように、Industry 4.0はIoTを核に、「繋がる」、「代替する」、「創造する」という3つのコンセプトで製造業の復権を狙っている。工場を中心に材料調達から設計、生産、物流、サービスまで一連の企業のサプライチェーン全体を接続し、ロボット、3Dプリンター、自動搬送車などで煩雑な業務を代替し、人は製品やサービスに付加価値を与える仕事に特化できるようになる[38]。

（2）Industrial Internet

「Industrial Internet」は、米General Electric社により、2012年秋に提唱され

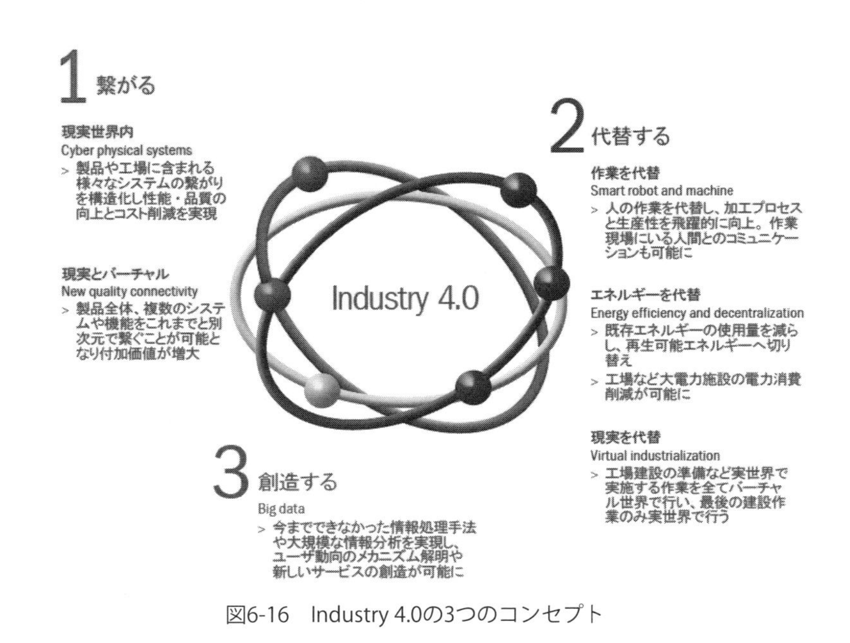

図6-16　Industry 4.0の3つのコンセプト

た、産業用機器とITの融合に関するコンセプトである。インテリジェント機器、データと高度な分析、人々を主要要素として挙げ、高機能の機器、低コストのセンサー、インターネット、ビッグデータ収集と分析技術などを組み合わせ、既存産業の大幅な効率化や新産業の創出を目指すとする。

GE社は、18世紀中頃から20世紀初頭の「産業革命」を「第1の波」と、20世紀後半の「インターネット革命」を「第2の波」、同社の「Industrial Internet」を「第3の波」と言っている。

図6-17は「Industrial Internet」におけるデータループを表している。航空機のエンジンをモニタリングして集めたデータを分析し、適切な人や機器とのデータを共有することで燃費や実際のエンジンの性能の測定に役立てている。イギリスの航空会社Virgin Atlanticでは飛行機にセンサーを取り付けて1度の飛行で約0.5テラバイトの情報を収集している[39]。

GE社は「Industrial Internet」により「Power of 1％」という言葉を用い、電

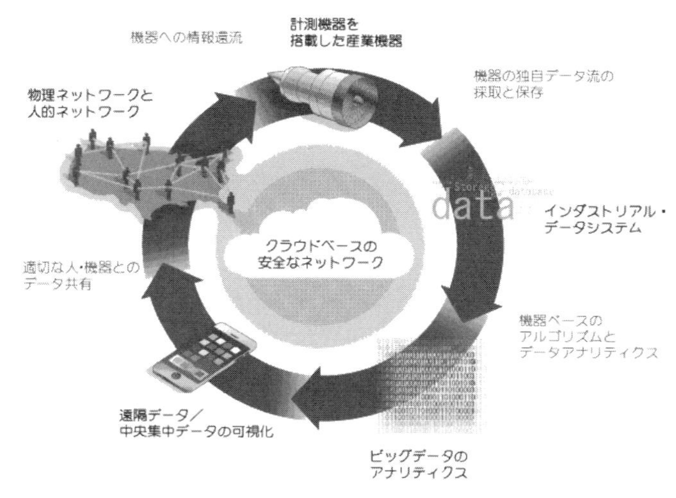

図6-17　Industrial Internetの例

力や航空などの産業において、1％でも改善だけでも大きな経済効果が期待できると予想している。

例えば、**図6-18**に示すように、航空機の燃費が1%向上しただけでも世界規模

主要部門で実現可能となるパフォーマンス

産業	セグメント	節減の種類	15年間の予測価値（B=10億米ドル）
航空	商業	1%の燃料節減	$30B
電力	ガス火力発電	1%の燃料節減	$66B
医療	システム全体	1%のシステム非効率性の削減	$63B
鉄道	貨物	1%のシステム非効率性の削減	$27B
石油とガス	探査と開発	1%の資本支出の削減	$90B

注意：この図例では、特定のグローバル産業部門に可能な1パーセントの節減が適用されています。

図6-18　Industrial Internetによる1%の効果

で見れば15年間で300億ドルのコスト削減につながり、発電所のガスタービンの効率が1%上がれば660億ドルのコスト削減が可能と試算している[39]。

6.4.2 構築事例

現在、スマートファクトリーの先駆けとして一番注目を集めているは、IoTを活用することで高度な自動化を実現した、Siemen社のAmberg工場である。

(1) Siemen社のAmberg工場

図6-19に示すようにAmberg工場では、生産プロセスの75%が自動化されている。具体的には、工場内の1,000の製造ユニットがウェブサイト経由で指示を受けており、それぞれの仕掛かり品にRFIDが組み込まれ、お客様から工場に製品注文が入ると、人から指示を受けることなく部品を集め、現在どの工程にあるかをリアルタイムで管理し、組立順序を自動的に制御する。自らが必要な部品をリクエストできることで、既に99.7%の製品について注文を受けてから24時間以内の出荷ができると報告されている[40][41]。

図6-19　Siemen社のスマートファクトリー

(2) GE社の構築事例

製造業のイメージが強かったGE社であるが、現在は「Brilliant Factory」というコンセプトでビッグデータを活用したソフトウェアに力を入れている。GE社が目指している「Industrial internet」の機械（モノ）をネットワーク化するOSに相当するコアとなる基本ソフトウェアとして「Predix（プレディクス）」がある。

Predixは、世界で約28,000基のGE製航空機エンジン、21,000台の機関車、さらにはMRI（磁気共鳴断層撮影装置）やCT（コンピュータ断層撮影装置）スキャナーなど140万台の医療機器ですでに稼働している[42]。

図6-20に示すように、2015年2月にはインドのPuneに2億ドルを投資し、「1つの工場であらゆる分野の製品を製造する」という目標でマルチモーダルと呼ばれる工場を建設した。ロボットを用いた自動化設備、3Dプリンターによる試作と製造、高度なソフトウェア技術の連携による多様な生産品目を効率的に生産できる仕組みの構築を目指している[43][44]。

図6-20　インドのプネにあるGE「Brilliant Factory」

(3) 三菱電機のe-F@ctory

日本の総合電気メーカーである日立製作所、三菱電機などで製造現場のIoT化を進めている。ここではその一例である三菱電機のe-F@ctoryを紹介する。

三菱電機は2003年から、**図6-21**に示すように「e-F@ctory（eファクトリー）」と呼ぶ工場向けのソリューションを展開し、工場を「見える化」している。e-F@ctoryは、工場全体や個々の機械データを収集、「見える化」して分析することで、顧客企業の生産効率や品質の向上に結びつけるサービスである[45]。

e-F@ctoryのコンセプトは、現場を起点とした経営改善をめざして、「人・機械・ITの協調」によるフレキシブルなものづくりと生産現場とを活用し、サプライチェーン・エンジニアリングチェーン全体に亘るトータルコストを削減し、一歩先のものづくりの支援である。

図6-21に示すように、e-F@ctoryで「見える化：見える、観える、診える」と「使える化」による「生産性」「品質」「環境性」「安全性」「セキュリティ」の向上を実現し企業のTCO（Total Cost of Ownership）削減、企業価値の向上を支援することで、工場のまるごと最適化を図る。約300社のe-F @ ctory Allianceパートナーとの連携により様々な業種にあわせたトータルソリューションの導入実績が、全世界で130社、5,200件以上ある。

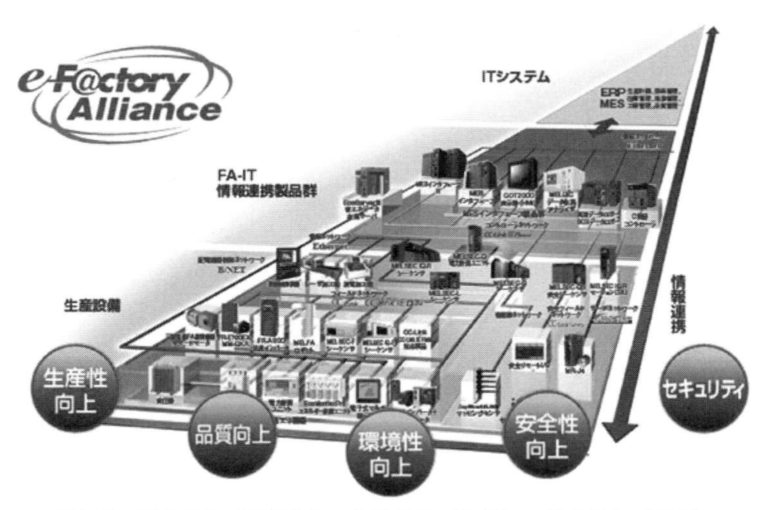

図6-21　見える化（可視化）、観える化（分析）、診える化（改善）

6.5　自動運転車

自動運転車とは、人間の運転操作なしで、自動で走行できる自動車である。英語では「autonomous car」と表記される。その他「ロボットカー」「UGV (unmanned ground vehicle)」「ドライバーレスカー (driverless car)」「self-driving car」などとも呼ばれている。自動運転車の概念が広がる以前は、ITの普及とともに、「コネックテッドカー」という言葉が業界では使われていた。

コネクテッドカーは、ICT端末としての機能を有する自動車のことで、車両の状態や周囲の道路状況などの様々なデータをセンサーにより取得し、ネットワークを介して集積・分析することで、安全性を高める、効率的な運転を助ける技術である。この概念が現在、自動運転車（autonomous car）へ進化している[46]。車はIoTの応用の重要分野と認識されている[47][48]。

6.5.1 Google Self-Driving Car

Googleは、**図6-22**に示すように、自動運転を行うロボットカー「Google Self-Driving Car」の開発を2009年から行っている。GoogleのSelf-Driving Carは、人の運転を必要とせずに走行可能な自動運転車の開発を進めているGoogle Xのプロジェクトである[49]。

2009年トヨタのプリウスにGoogleのSelf-Driving技術を試して以来、テストコースでの走行だけではなく、すでに公道でのテスト走行を実施（アメリカのい

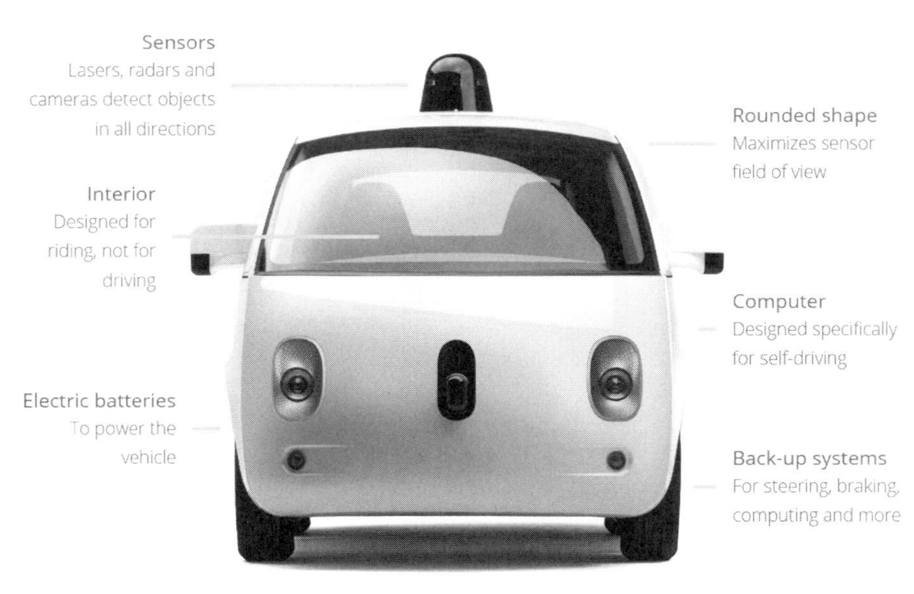

図6-22　GoogleのSelf-Driving Carのプロトタイプ

くつかの州では法的に許可されている)、もっと複雑な環境である都市内でのテストを行っている。2014年4月には、自動運転車の総走行距離が、100万キロメートルを突破したと発表、2014年12月には最初から完全にSelf-Drivingが可能に設計したプロトタイプの車が公道でのテスト走行を始めた。

Googleは自社のIT技術を生かし、目的地の状況、道路情報などを収集し、コンピュータで解析して運転を開始し、走行中は、GPSで現在地と目的地をリアルタイム比較により、コンピュータが車を制御し、走行させる。レーザーカメラやレーザースキャナーセンサーを用いて、他の車両や歩行者、信号などを識別しながら運転するので人は何もしなくてよい。

6.5.2 Tesla

テスラモーターズジャパンは電気自動車「モデルS」を展示した。モデルSは自動運転機能を備えた電気自動車である[50]。

「オートパイロット」と言うテスラオリジナルの自動運転システムが、車線から自動車が外れないようにコントロールする機能、追突と側面衝突を避ける自動ステアリング機能、自動駐車機能、周囲の環境をリアルタイムで認識してパネル表示する機能を揃えた。

フォワードビュー カメラ、レーダー、そして360度超音波センサーをリアルタイムの交通情報と組み合わせることで、道路状況を選ばずに自動運転を可能にした。テスラモーターズはネットを通じたソフトウェアアップデートによって機能の追加を行う[51]。

6.6 農業分野

日本の農林水産省は、ロボット技術やICTを活用して超省力・高品質生産を実現する新たな農業(スマート農業)を実現するため、ロボット技術利用で先行する企業やIT企業等の協力を得て2013年11月に「スマート農業の実現に向けた研究会」を立ち上げた。日本の国農業の現場では、担い手の高齢化が急速に進み、労働力不足が深刻となっており、農作業における省力・軽労化を更に進めるとともに、新規就農者への栽培技術力の継承等が重要な課題となっている[52]。

6.6.1　農業ICTソリューション

JA小松市は、ハウスの環境を可視化するNECの「農業ICTクラウドサービス」を導入した[53]。農業ICTクラウドサービスはセンシングの機能に加えて「営農日誌」などの管理機能、生産者や営農指導者などのための「コミュニケーション」機能、そして、センシングしたデータに基づいて、ハウスの窓を開閉したり、灌水操作を自動実行するといった「制御」機能を実装可能だ。温度や湿度、日照量、炭酸ガス量などの環境データを収集・蓄積し、それを分析してノウハウを抽出することで、従来の経験や勘をベースとする農業の課題を克服しようとしている[54][55]。

6.6.2　e-kakashi

PSソリューションズ社のe-kakashiは、**図6-23**に示すような農場にセンサーを張り巡らせ、土壌内の温度や水分量、CO_2などの環境情報や生育情報を収集、その情報をクラウドにアップして分析することで、そのデータを基に最適な栽培方法を提案する。田畑の情報をPCやタブレットのダッシュボードで確認し、栽培レシピに従って農作業を行えばいい。見やすいUIやシンプルで優れた操作性により、ITに詳しくない人でも簡単に導入できるレシピとして、栽培管理技術やノウハウを料理のレシピのように活用できる機能が特徴である[56]。

図6-23　e-kakashi

6.7 その他

6.7.1 MagicBand

米ディズニーワールドでは来場者に各種サービスや機能を安全に利用可能なオールインワンのリストバンド「MagicBand（マジックバンド）」配布する（**図6-24**)。マジックバンドは、ティズニー直営ホテルにご宿泊されるゲストに対し、チェックイン時に提供し（あるいはオンライン購入)、部屋の鍵・食事・買い物といった全ての体験をリストバンド一つで行えるようにした。有効なテーマパークの入場券が組み込まれていれば、テーマパークへの入場にもご使用できる。

ディズニー社は、リアルタイムで来場者の状況を確認でき、混雑状況に応じたスタッフ配置や在庫管理に利用している[57]。

図6-24　ディズニーのMagicBand

6.7.2 Apple Watch

図6-25に示すように、2015年4月に発売されたApple Watchは最も私たちに近いIoTデバイスである。心拍センサーや加速度センサーを搭載しているので、健康状態や位置情報の取得できる。iPhoneとの連動で音楽再生、電話、Siriなど様々な機能を簡単に使える。多様なAppの保有と様々なモノとの連携によって、その可能性広がると考えられる[58]。

図6-25　Apple Watchとそのアプリケーション

参考文献

[1] 森川博：データ駆動型経済、情報処理学会 2015 連続セミナー第 5 回、2015.11.24
[2] 特集　技術で理解する IoT、pp.25-43, 日経ネットワーク、2015.1
[3] 三菱総合研究所：IoT まるわかり、日経文庫、2015.9
[4] Progressive 社の Snapshot：www.progressive.com/auto/snapshot
[5] IoT Analytics：The 10 most popular Internet of Things applications right now、2015.2
http://iot-analytics.com/10-internet-of-things-applications/
[6] 特集 IoT100、日経コンピュータ　2016 年 1 月 21 号
[7] 米国における IoT（モノのインターネット）に関する取り組みの現状、JETRO 調査レポート、2015.8
https://www.jetro.go.jp/world/reports/2015/02/ebc69b7777fbb2ad.html
[8] 国内 IoT 市場 産業分野別 / ユースケース別予測、2016 年～ 2020 年、鳥巣 悠太、IDC Japan、2016.1
[9] Bloomberg QuickTake：The Internet of Things、2015.1
http://www.bloombergview.com/quicktake/internet-things
[10] 家入 龍太：　図解と事例でわかるスマートハウス、翔泳社、2013.6
[11] Google Nest Lab 社：https://nest.com/
[12] August 社：http://august.com/
[13] Canary 社：https://canary.is/
[14] Roost 社：http://www.getroost.com/
[15] Philips 社の Hue：http://www2.meethue.com/ja-jp/
[16] 山村真司：スマートシティはどうつくる？、工作舎、2015.1
[17] 白井 信雄：図解 スマートシティ・環境未来都市 早わかり、中経出版、2012.11
[18]『スマートコミュニティ』へようこそ！、METI Journal、平成 23 年 10・11 月号
[19] Green Vancouver：
http://vancouver.ca/green-vancouver/greenest-city-action-plan.aspx

[20] NYC Mayor's Office of Technology and Innovation：
http://www1.nyc.gov/site/forward/index.page
[21] LinkNYC：https://www.link.nyc/
[22] CompStat：https://en.wikipedia.org/wiki/CompStat
[23] barcinno：Barcelona's Quest to Become The Smartest City of Them All、2015.4
http://www.barcinno.com/smart-city-barcelona/
[24] BCN Smart City：smartcity.bcn.cat/en
[25] Japan Smart City ポータル：http://jscp.nepc.or.jp/
[26] 横浜市：http://www.city.yokohama.lg.jp/ondan/yscp/
[27] 京都市共通局：http://www.city.kyoto.lg.jp/kotsu/
[28] 株式会社NTTデータ：絵で見てわかるIoT/センサの仕組みと活用、翔泳社、2015.3
[29] Macpeople編集部、週刊アスキー編集部：ネットと実店舗を強力に結びつける020の注目技術　iBeacon丸わかりガイド、KADOKAWA / アスキー・メディアワークス、2014.6
[30] セーフティ：http://jpn.nec.com/safety/
[31] NECプレスリリース：NEC、ブラジル リオ・デ・ジャネイロ市の水泳スタジアム向けICTインフラを受注、2015.10
http://jpn.nec.com/press/201510/20151016_04.html
[32] IoT Analytics：Will the industrial internet disrupt the smart factory of the future?、2015.3
http://iot-analytics.com/industrial-internet-disrupt-smart-factory/
[33] IHS Ranks the Top 10 Technologies That are Transforming the World、HIS、2015
[34] 尾木 蔵人：インダストリー4.0 ― 第4次産業革命の全貌、東洋経済新報社、2015.9
[35] 日経ビジネス、まるわかりインダストリー4.0　第4次産業革命、日経BP社、2015.4
[36] 岩本 晃一：インダストリー4.0-ドイツ第4次産業革命が与えるインパクト、日刊工業新聞社、2015.7
[37] 長島 聡：日本型インダストリー4.0、日本経済新聞出版社、2015.10
[38] Industry 4.0 10年後を見据えた発展途上の取り組み、Roland Berger、Think Act 2015.7
[39] インダストリアル・インターネット、GE Japanサイト
http://www.ge.com/jp/industrial-internet
[40] IndustryWeek：The Dawn of the SMART FACTORY、2013.2
http://www.industryweek.com/technology/dawn-smart-factory
[41] Investors and Analysts Site Tour Electronic Works Amberg、SEMENS、2015.9
http://www.siemens.com/investor/pool/en/investor_relations/financial_publications/speeches_and_presentations/03_analysten_investoren_site_visit_amberg_29_9.pdf
[42] GE Reports Japan：ビッグデータの活用 - 変貌するGEソフトウェア、2015.6
http://gereports.jp/post/120592492474/industrial-company
[43] Ge Ceo Letter：The Brillinat factory、2014　http://www.ge.com/ar2014/ceo-letter/
[44] GE Reports：GE's Brilliant Advanced Manufacturing Plant In Pune, India、

2015.2
http://www.gereports.com/post/110927997125/ges-brilliant-advanced-manufacturing-plant-in/
[45] e-F@ctory：
http://www.mitsubishielectric.co.jp/fa/sols/products/efactory/index.html
[46] 保坂 明夫、青木 啓二、津川 定之：自動運転 システム構成と要素技術、森北出版、2015.8
[47] 鶴原 吉郎（外）：自動運転 ライフスタイルから電気自動車まで、すべてを変える破壊的イノベーション、日経BP社、2014.10
[48] 泉田 良輔:Google vs トヨタ「自動運転車」は始まりにすぎない、KADOKAWA / 中経出版、2014.12
[49] Google Self-Driving Car Project：www.google.com/selfdrivingcar/
[50] テスラモーターズジャパン：https://www.teslamotors.com/jp/
[51] Autopilot：https://www.teslamotors.com/presskit/autopilot
[52] 農林水産省　スマート農業の実現に向けた研究会：
http://www.maff.go.jp/j/kanbo/kihyo03/gityo/g_smart_nougyo/
[53] NECの農業ICTソリューション：http://jpn.nec.com/solution/agri/index.html
[54] NEC プレスリリース：NEC、小松市のトマト農家へ 農業ICTクラウドサービスを提供、2014.7
http://jpn.nec.com/press/201407/20140703_01.html
[55] ニューカントリー編集部、野口 伸：ICTを活用した営農システム―次世代農業を引き寄せる、北海道協同組合通信社、2015.11
[56] e-kakashi：https://www.e-kakashi.com/
[57] MagicBand：
https://disneyworld.disney.go.com/plan/my-disney-experience/bands-cards/
[58] Apple Watch：http://www.apple.com/jp/watch/

Webは2016年2月に確認

7. IoT技術の標準化の動向

7. IoT 技術の標準化の動向

7.1 概要

安全な機器が適切な状態でネットワークに繋がるための取り組みの一つに標準化があるが、IoT（Internet of Things）関連のコンソーシアム、標準化団体が多数あり、全てを把握しきれないほどに乱立している。産業分野ではGEを中心としたIndustrial Internet Consortiumは150社以上も参加し、oneM2Mは、欧州や米国、アジアの通信関連標準化組織によって2012年に設立され、５つの業界団体および200以上の企業が参加し、大きな勢力となって標準化を進めている[1]～[3]。

2015年7月にジュネーブのITU（International Telecommunication、国際電気通信連合）で行われた「Global Standards Collaboration（GSC)」では、各産業界でフォーラムやアライアンスが乱立し、それぞれ独自のIoTモデルを構築していることについて問題提起された。

IoTの世界において、異なる機器やプラットフォーム間で標準化を進めることは、早急に解決すべき重要な課題である。業種を超えて企業が連携することは、新しいサービスや商品を生み出すために非常に大切であり、標準化によって、IoTはより身近な技術として世の中を支える存在になる。

IoTは単一の要素技術で構成されていないため、標準化には、複数のデファクト / デジュール組織、あるいはエコシステム組織が関係している。このため、IoTにおける標準化活動が理解しにくいものとなっている。IoTを本格的に推進するためには、標準化が重要であり、推進体制の把握が必要である。

本章では、IoT技術の標準化動向を把握するために必要な概要を紹介する。詳細は各組織の活動報告を参照する必要がある。

- デジュール化 / デジュールスタンダード：デジュールスタンダード（de jure standard）は、ISO(International Organization for Standardization、国際標準化機構）やJIS(Japanese Industrial Standards、日本工業規格）などの国内および国際標準化機関などにより定められた規格のことを言う。製品の機能や製造方法、生産に用いられる技術など、その対象は多岐にわたる。世界共通の規格を持つ乾電池はデジュールスタンダードの一例である。独占禁止法違反に問われる可能性が低く、またグローバルスタンダード化する際に他国との貿易障壁を減らすことができる。
- デファクト化 / デファクトスタンダード：デファクトスタンダード（de facto standard）とは「事実上の標準」を指す用語である。「de facto」はラテン語で「事実上、実際には」を意味する。対立する概念としてデジュールスタンダードがある。デファクトスタンダードを標準化団体が追認することでデジュールスタンダードとなる場合もある（Shift JISなどが代表例）。
- エコシステム：エコシステム（ecosystem）とは、本来は生態系を指す。動植物の食物連鎖など生物群の循環系という元の意味から転化されて、経済的な依存関係や協調関係、または強者を頂点とする新たな成長分野でのピラミッド型の産業構造といった、新規な産業体系を構成しつつある発展途上の分野での企業間の連携関係全体を指して用いられる。例えば、充電スタンドまで含めた電気自動車全般の産業、スマートフォンにおけるAndroid端末ビジネスなどは、「エコシステム」として呼ばれる。企業間の事業連携協業を指す戦略的な取り組みとしてエコシステムが位置付けられる。

7.2 標準化活動の全体像

IoTにおける標準化の活動は、**図7-1**に示すように5つの層で実施されている。アプリケーション層は導入産業分野の拡大、プラットフォーム層は導入目的 / 導入用途の拡大、それ以下の層は導入機器の拡大に貢献する標準化に関し集約すると下記の3点となる[2][3]。

（1）事業拡大のためのエコシステム
- 機器接続確保のための技術標準
- IoT/M2M（Machine to Machine）の市場獲得にはエコシステム戦略が重要
- 同一技術分野、技術の組み合わせでの仲間作り、技術の標準化、オープン化でメジャー集団を形成

（2）Vertical と Horizontal の両面展開
- Vertical団体はエコシステムと技術デファクト化を進める
- Horizontal団体は複数のユースケースで共通技術を広く標準化

（3）経営戦略部と研究開発部の合同
- 協業の目標分野
- 企業を決めコンカレント（同時、協調）な参加活動

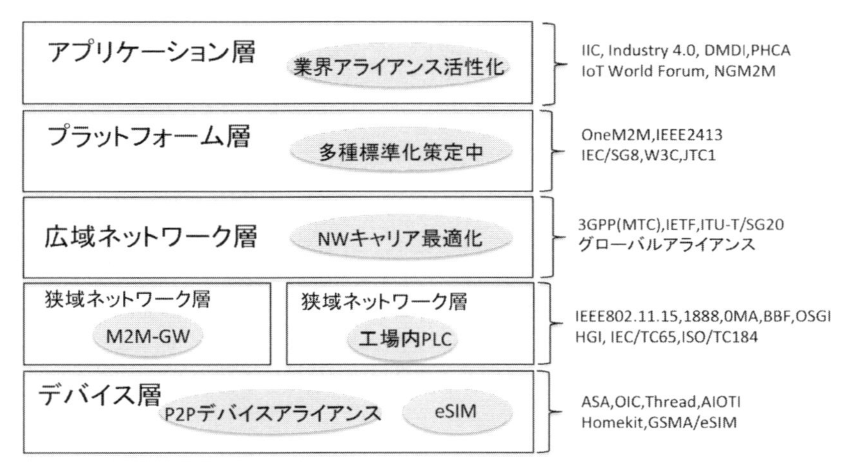

図7-1　各層における標準化の概要

技術の観点から標準化を実施しているグループは、**表7-1** に示すように、通信、産業、デバイス系の３つの分野がある。

（1）通信・インターネット系

- OneM2M、ITU-T（通信キャリア系）：SG20統合など
- IETF、W3C（インターネット系）：Web of Thingsなど

（2）電気・産業制御系

- IEC/TC（産業制御業界系）：SG8、TC65、MSBなど
- ISO/IEC JTC1、ISO：WG10、TC184など

（3）2P・スマートデバイス I/F 系

- IEEE（IT機器IF業界系）：2413、802、11/15、1888など
- Open（モバイル、家電系）：OMA、OASIS、BBF、HGI、OSGIなど

また、エコシステムは、以下に示すように3つグループに大別できる。

①異業種エコシステム系

- I4、IIC、DMDI、AIOTI、IoT World Forum、中国20125

②リーダ企業中心系

- ASA、OICC、Thread、HomeKit、e-F@ctory、R-IN Consortium

表7-1 IoTの業界団体

	団体名	目的
標準化/規格化	OneM2M	M2M（Machine to Machine）に関連したハードウェア、ソフトウェア、サーバの標準化を目指している。IBM、AT&T、Ciscoをはじめとした216企業で構成
	Thread Group	IoT向け通信規格を策定。2015年7月にはメッシュネットワーク規格Threadの使用を発表した。Nest Labなど)7社が参加
プラットフォーム	Allseen Alliance	相互運用が可能なIoTプラットフォームIoTivityによる
	Open intercomnect Consortium	オープンソースプラットフォームAllJoynによる共通プラットフォームの促進。Intelを中心とした62社で構成
エコシステム	Industrial Internet Consortium	GE社が推し進めるIndustrila Internet構想の普及を進める。産業分野が対象である。GEを中心とした158社が参加
	HyperCAT	異なるデバイス間でのデータのやり取りを容易にするための、オープンカタログを構築している。British Telecomなどイギリス企業を中心とした40社が参加
	FiWARE	EUの主導により開発が進められているIoT製品向けのミドルウェア、フリーのAPIが提供されている。
	LoRA	IoT製品向けの広域かつ低消費電力のネットワーク規格を促進。特に電池で動作するIoT製品向けの規格

③同業種・同分野チーム系

• PCHA、NGM2M、IVI、VEC、World/Bridge/Global-alliance

Industrial Internet Consortium（IIC）は重工業、Allseen Alliance は家電といったメーカーが多く、Open Interconnect Consortium と Allseen Alliance は対立関係になっている。

以下に、エコシステムとデジュール標準およびデファクト標準の代表的組織の活動の概要を紹介する。

7.3 エコシステム

エコシステム（eco system）とは、経済・マーケティング・IT 分野等において、「自然界の生態系のように循環の中で効率的に収益を上げる構造」や、「複数の企業や登場人物、モノが有機的に結びつき、循環しながら広く共存共栄していく仕組み」と言う意味である[4]。

図7-2 に示すように IoT ソリューションは、多くの要素を組み合わせて構成される。主要なコンポーネントとしては、ハードウェア、ソフトウェア、サービス、コネクティビティなどがある。コネクティビティレイヤとしては、WiFi、ZigBee

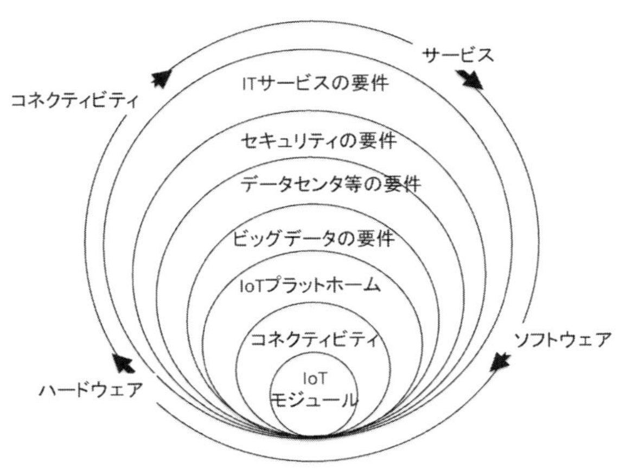

図7-2　多くの層からなるITエコシステム

などの無線アクセスなど、ソフトウェアレイヤには、エンドポイントから結果を引き出すために必要な分析機能やアプリケーションがある[5]。

IoTによってネットワーク接続されるモノの数が増えれば、既存の製品やソリューションという強大なビジネスが立ち上がる。IoTは特定の企業による一人勝ちはありえず、多くのベンダ、サービスプロバイダー、システムインテグレータが共存共栄の関係を築き、企業や政府機関、一般消費者などの顧客ニーズを満たした製品やソリューションを統合するエコシステムが重要となる。

エコシステムに参加する企業は特定の標準を決めるのではなく、各種標準の活用者の立場で、利活用に重点を置いた推進を行う。特記すべきエコシステムとして、異業種エコシステム系IIC(Industry Internet Consortium)がある。

IICは、2014年3月、産業分野のIoTを検討するためにAT&T Inc、Cisco、General Electric Company、IBM、Intel Corporationの5社により設立された団体で、2015年5月現在、159社が参加し、以下の目的で活動している。

- アプリケーションのためには、既存またはこれから開発するユースケースやテストベッドを活用する。
- 接続技術を普及させることで、ベストプラクティスやリファレンンスアーキテクチャ、ケーススタディ、標準化要件を開発する。

- インタネットおよび産業界のシステムのため、グローバルな標準化開発プロセスに影響を与える。
- アイデアや展望などを話しあうフォーラムを形成する。
- 革新的なセキュリティに関する信頼関係を構築する。

特に、主要企業の参画の狙いは下記にあると言われている。

GEは、IT技術およびインタネットの成長力にPredix Cloudを適用したいと考えている。Predix Cloudとは機械データをリアルタイムで管理、分析、および保存するために構築されたエコシステムを目指したクラウドである。Ciscoは、既存ネットビジネスの拡張として、フォグコンピューティングなどを検討している。また、IBMは、CPS（Cyber Physical Systems）を商品にすることを検討している。

7.4　デファクト標準

デファクト標準（de facto standard）は、国際機関や標準化団体による公的な標準ではなく、市場の実勢によって「事実上」の標準とみなされるようになった規格・製品のことを言う[2][3]。

注視すべき標準化への取り組みについて紹介する。

（1）ETSI（European Telecommunications Standards Institute）

欧州電気通信標準化機構ETSIは、欧州において通信技術の標準化を行う組織であり、2009年1月にTC M2M（TechinicalCommittee M2M: M2M技術委員会）を設立し、ユースケースを使った全体像の策定、アーキテクチャやインタフェースなどの検討を行っている。

（2）AllSeen Alliance

2013年10月にLinux Foundationが、様々な家電製品やモバイル端末などの連携を見据えて発足させた業界団体である。参加企業は発足時の23社から2015年5月現在、140社以上と増加している。発足当初より、Qualcomm Technologies Incのデバイス接続フレームワーク「Alljoin」をオープンソース化し、スマート家電の連携促進を目指して活動しており、各社に採用されはじめている。2015年1月にラスベガスで開催された家電見本市2015 International CESでは、機器メーカーが「Alljoin」を使ってテレビやスマートフォンから家電をコントロールするデモを行った。

デファクト標準は担当する組織で情報を公開している。関係する意識のホームページで最新動向を確認することを勧める[2][3]。

7.5 デジュール標準

7.5.1 概要

デジュール標準（de jure standard）は、標準化団体によって定められた標準規格のこと。これに対立する概念として、デファクトスタンダードを標準化団体が追認することでデジュール標準となる場合もある。

IoTにおけるデジュール標準の代表的な活動は、電気・産業制御系における以下の活動である。

いろいろな委員会が関与している。詳細は、関係する委員会のホームページを参照されたし[6]～[8]。

- システム（運用・構成）： IEC TC65/WG16、IEC MSB・SG8、JTC1/WG10
- コネクティビティ（ネットワーク）： IEC TC65/SC65A
- コネクティビティ（データ・制御・通信）： ISO TC184、ISO TC65・SC65B・SC65E、IEC TC65/SC65C、JTC1/WG7
- コンポーネント（オートメーション・ロボット）：ISO TC184/SC2
- 共通（機能安全・制御セキュリティ）： IEC TC65/SC65A、IEC TC65/WG10

このほかに通信・インターネット系の代表的な組織としてoneM2Mがある[5]。oneM2Mの発足以前は、欧州や米国、アジアなどの各国がM2M（Machine-to-Machine：機器間通信）の標準化を独自に進めていた。この分裂状態を懸念したETSI（European Telecommunications Standards Institute: 欧州電気通信標準化機構 ）が、ARIB（Association of Radio Industries and Businesses：一般社団法人電波産業会）、ATIS（Alliance for Telecommunications Industry Solutions:

米国電気通信産業ソリューション連合）など7つのTelecom SDO（Standards

Developing Organization：標準化団体）に呼びかけ、国際的に統合された標準化機関設立を提案した。2012 年 7 月に設立されて以降、M2M に対する脅威の分析やセキュリティアーキテクチャについて検討を進めている。

OneM2M は重要な標準化活動であるので、次項で詳述する。

7.5.2　oneM2M

ここでは M2M（Machine to Machine）の重要な標準化の状況を紹介する[3][5]。図表などは、参考文献［5］より引用した。

M2M と IoT の両者はかなり似ているため、同義とみられる場合もある。**表7-2** に示すように、IoT は M2M よりも幅広い概念をもつため、M2M は IoT の 1 つの要素という見方もできる[9]。

M2M とは、人が関係しない（介在しない）機械と機械の通信のことを言い、言わば機械の側から見て、機械と機械が自動的に情報をやり取りするシステムの全体を表している。一方、IoT とは、「モノのインターネット」と言われるように、人の側から見て、情報を受け取る人へのサービスも含めた概念ととらえることが

表7-2　M2MとIoTの違い

	M2M	IoT
接続対象	モノ同士で、人間が介在しない	モノだけではなく人間も情報発信に関わる
ネットワーク	4G/無線LAN/Bluetooth/ZigBeeなど	
利用目的	FA（工場）やセンサーネットワークでの情報取得など	モノとインターネットを使ったサービス、大量データを収集して解析するなど
例	スマートグリッド（スマートメーター）、自動販売機の在庫管理	各種ウエアラブルデバイス
	 センサ／モノ → 端末 → ネットワーク → 端末の制や管理 → M2M	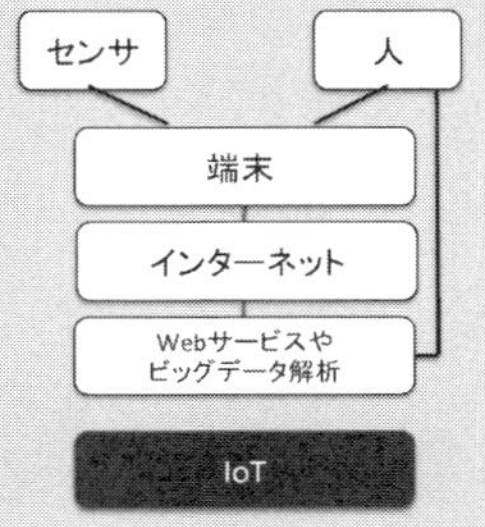 センサ／人 → 端末 → インターネット → Webサービスやビッグデータ解析 → IoT

できる。

7.5.3 oneM2M が目指すアーキテクチャとは

IT Leaders を参考に oneM2M の概要を紹介する[5]。oneM2M が進めている M2M 関連技術の標準化は、**図7-3** 示すように M2M アプリケーションと共通 M2M サービスレイヤ、両者の間のゲートウェイと API、および共通 M2M サービスレイヤとネットワーク間のゲートウェイと API などの標準化が行われる。これらの API について検討を計画している。

IoT ではエコシステムが重要と説明したが、oneM2M が目指すのは、エコシステムを実現する水平分散型ビジネスモデルである。

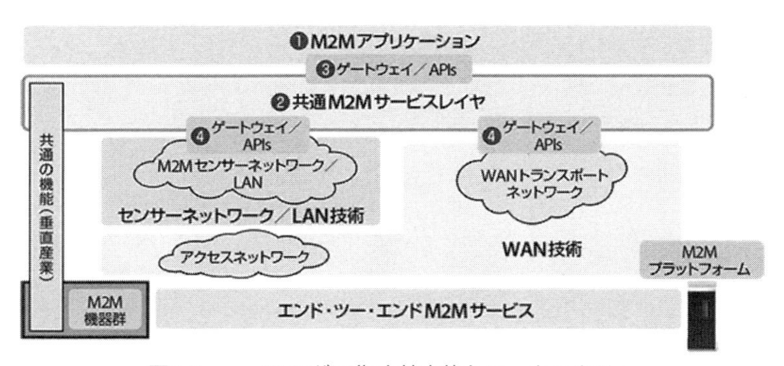

図7-3 oneM2Mが目指す基本的なアーキテクチャ

垂直統合型モデルは、1 つのアプリケーションごとに 1 つのネットワークインフラが対応（アプリケーションごとに個別のインフラを用意）し、1 つまたは複数の機器（デバイス）が接続されるモデルである。

一方、水平分散型（クラウド型）のモデルは、ビジネスアプリケーション 1、2、…、N というように、各種アプリケーションを接続できる共通のアプリケーション基盤をつくる、独自の垂直型モデルからオープンなプラットフォームによる水平分散型モデルへの展開を目指すモデルである。

7.5.4　共通 M2M サービスレイヤ

図7-4 に示すように、M2M は、

（1）アプリケーション領域（M2M アプリケーション等）

（2）サービスケーパビリティ（サービス機能）

（3）ネットワーク領域

（4）M2M デバイス（機器：センサーやスマートメーター）領域

　という構成になっている。

ネットワークとしては用途により、

（1）コアネットワーク（例：3GPP、NGN 等）

（2）アクセスネットワーク〔例：無線 LAN、PLC、HFC（CATV）、衛星等〕

（3）M2M エリアネットワーク（例：PLC、ZigBee、M-Bus 等。M2M デバイス領域のネットワーク）

の３つで構成されている。

標準化は、ネットワークに依存しない「サービス機能」を提供する共通 M2M サービスレイヤをターゲットにして、標準化が展開される。

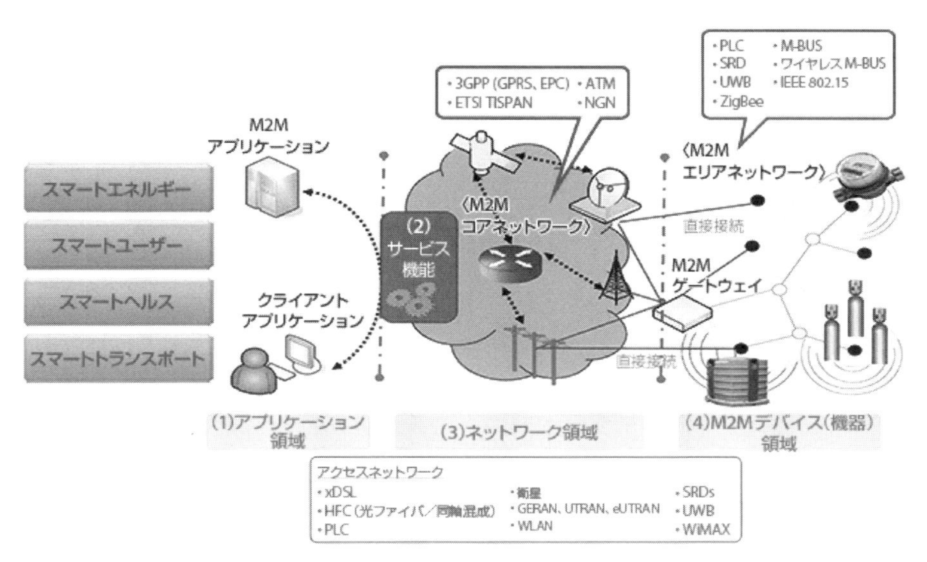

図7-4　M2Mアプリケーションの例とコア／アクセス／M2Mエリアネットワークのイメージ

7.5.5 「ETSI TC M2M」をベースにした標準化の展開

M2Mの標準化については、ETSIでの検討がかなり進んでいるため、oneM2M内の検討においてはETSI TC-M2M技術委員会の標準化の検討結果が強く反映されたものになると言われている。**図7-5**は、ETSI TC M2M技術委員会の全体的な標準化活動の全体像を示したものである。図に示されているように、すでに多くのTR（Technical Report、技術報告）、TS（Technical Specification、技術仕様）が策定されている。

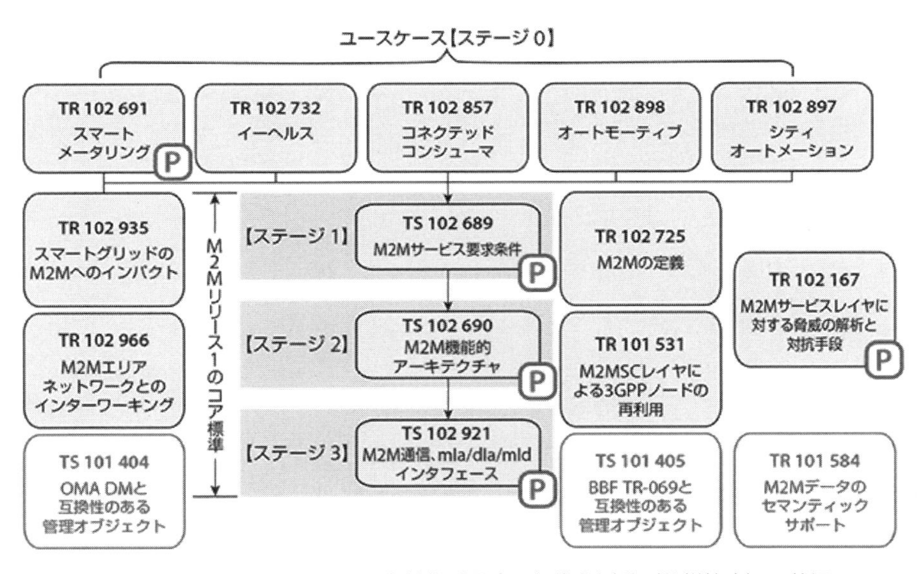

図7-5 ETSI TC M2Mにおける各技術委員会の標準化活動（仕様策定）の状況

7.5.6 ETSIの「M2Mリリース1のコア標準」の技術仕様

ETSIのM2Mリリース1のコア標準は、次の3つの仕様が策定されている。

これらのほかに、すでに「ETSI TR 102 691」（スマートメーター）やETSI TR 102 168「M2Mサービスレイヤへの脅威の分析とその対応計測」の技術仕様も発行されている。

oneM2Mが当面目指す標準化の範囲（スコープ）は、以下に示すように「共通

M2Mサービスレイヤ」にフォーカスし、これに関する技術仕様（TS）や技術報告（TR）を策定することをスコープとしている。

- サービスレイヤ機能の共通セットに関するユースケースと要求条件の策定
- エンドツーエンドサービスを考慮した、サービスアーキテクチャをもつサービスレイヤ技術
- オープンインタフェースとプロトコルを基本としたアーキテクチャに基づくプロトコル／API／標準オブジェクトの策定
- セキュリティとプライバシー技術の策定
- アプリケーションの到達性と発見技術の策定
- 相互運用性（試験と適合性仕様を含む）技術の策定
- 課金記録のためのデータ収集技術の策定
- 機器とアプリケーションのID（Identification、識別）と名前の仕様の策定
- 情報モデルとデータ管理仕様の策定
- 管理技術（各機能の遠隔管理を含む）の策定
- 端末／モジュール技術（サービスレイヤI/F、APIなどを含む）の策定

7.6 セキュリティに関する標準化

以上の節で構成要素技術の標準化を紹介した。しかし、IoTが本格的に市場になるにはセキュリティ技術が重要である。消費者の立場でIoT製品を購入しようというとき、セキュリティの信頼性がないと導入が難しい。2015年8月、米国のFTC（Federal Trade Commission、米国連邦取引委員会）はスタッフレーポートとして「Internet of things Privacy & Security in a Connected World」をを公開した[10]。2015年4月に米国のクラウドセキュリティアライアンス（CSA）は「New Security Guidance for Early Adopters of the IoT」と題するガイドラインを公開した[12]。標準技術団体である「IEEE」は、「P 2413」と呼ばれるIoT関連技術を2016年中に標準化するとの情報がある。P 2413WG（Working Group）が進めているのは「フレームワークとして、共通要素間及び領域をまたがったレファレンスモデル」「プライバシー、安全性を考慮したデータ取り扱いのブルー

プリント」「リファレンスアーキテクチャー」などである[11]～[13]。いろいろなセキュリティ関係の標準が開発予定であり、今後も継続した調査分析が必要である。

参考文献

[1] 情報セキュリティ白書2015、PIA、2015

[2] 木下泰三： IoT/M2M技術標準化、業界アライアンスの動向、情報処理学会2015連続セミナー第5回、2015.11.24

[3] 稲田 修一（監修）： インプレス標準教科書シリーズ M2M/IoT教科書、インプレス、2015.5

[4] エコシステム：http://japan.zdnet.com/article/35065730/

[5] oneM2Mが目指す「共通M2Mサービスレイヤ」の標準化と今後のロードマップ：http://it.impressbm.co.jp/articles/-/11091

[6] （一社）情報処理学会 情報規格調査会：https://www.itscj.ipsj.or.jp

[7] （一財）日本規格協会：http://www.iecapc.jp

[8] 日本工業標準調査会：http://www.jisc.go.jp

[9] 特集技術で理解するIoT,pp.25-43,日経ネットワーク、2015.1

[10] FTC Staff Report：internet of things Privacy & Security in a Connected World、January 2015
https://www.ftc.gov/system/files/documents/reports/federal-trade-commission-staff-report-november-2013-workshop-entitled-internet-things-privacy/150127iotrpt.pdf#search='FTC+Staff+Report+internet+of+things

[11] IPA：つながる世界のセーフティ＆セキュリティ設計入門、IoT時代のシステム開発『見える化』、IPA、2015

[12] CSA Mobile Working Group: peer Reviewed Document Security Guidance for Early Adopters of the Internet of Things (IoT) April 2015
https://downloads.cloudsecurityalliance.org/whitepapers/Security_Guidance_for_Early_Adopters_of_the_Internet_of_Things.pdf#search='CSA+IoT'

[13] http://iot-jp.com/iotsummary/iotstandard/iotの標準化団体/.html

[14] すべてがわかるIoT大全2016、PP.196-233、日経BPムック、2016年1月

Webサイトは2016年2月確認

索　引

〔あ〕

〔か〕

〔さ〕

[た]

[な]

[は]

[ま]

[や・ら]

[A]

[B]

[C]

[E]

[F]

[G]

[H]

[I]

[W]

[X]

[Z]

著者紹介

瀬戸洋一（せと　よういち）（はじめに、5 章、7 章担当）
1979 年慶応義塾大学大学院前期博士課程修了（電気工学専攻）、同年日立製作所入社、システム開発研究所にて、画像処理、情報セキュリティの研究に従事。セキュリティ研究センタ副センタ長、主管研究員、セキュリティビジネスセンタセンタ長歴任。2006 年 4 月より産業技術大学院大学　教授。リスクマネジメント、個人認証技術の教育研究に従事。情報セキュリティ関係の著書多数。法務省行政事業レビュー有識者委員、相模原市個人情報審議会委員、点検部会部会長、工学博士（慶大）、技術士（情報工学）、個人情報保護士、システム監査技術者、ISMS 審査員補。

慎祥揆（しん　さんぎゅう）（1 章、6 章担当）
2009 年慶應義塾大学大学院工学研究科開放環境科学専攻博士後期課程単位取得後退学。2010 年 4 月から 2011 年 3 月まで慶應義塾大学理工学部　訪問研究員歴任。2011 年 4 月より産業技術大学院大学　助教。データマイング、e ラーニング、プライバシー保護、モバイルデータ処理に関する教育研究に従事。工学博士（慶大）

飛田博章（とびた　ひろあき）（2 章、3 章担当 ）
ヒューマンコンピュータインタラクション全般に興味を持ち、特に、拡張現実、仮想現実 , 情報視覚化や、マルチメディア情報処理に関する研究に従事。産業技術大学院大学ではネットワークに関連する授業及び演習を担当。趣味はラジコンとクワガタの飼育。ACM、情報処理学会、VR 学会、人工知能学会各会員。工学博士。
研究紹介：http://www.comicomp.com

難波康晴（なんば　やすはる）（4 章担当）
1989 年東京大学工学部計数工学科卒業。同年日立製作所入社、システム開発研究所にて、人工知能、金融情報システムアーキテクチャ、サービス工学等の研究に従事。同社横浜研究所サービスイノベーション研究部部長歴任。現在、同社 ICT 事業統括本部 サービスプラットフォーム事業本部 デジタルソリューション推進本部 AI ビジ ネス推進室室長。工学博士 (東大)。

湯田晋也（ゆだ　しんや）（4 章担当）
1995 年東京大学大学院工学系研究科精密機械工学専攻修士課程修了。同年日立製作所入社、日立研究所にて、設計支援、生産管理、RFID 応用システム、保全向け IT システム等の研究に従事。同社ビッグデータソリューション本部先端ビジネス開発センタ勤務を経て、現在同社研究開発グループ制御イノベーションセンタ スマートシステム研究部部長。技術士（機械部門）。

技術者のための IoT の技術と応用
―「モノ」のインターネットのすべて―

平成28年7月25日　初版

定　価：2,500円+税　＜検印省略＞
著　者：瀬戸洋一（編著）　慎祥揆　飛田博章　難波康晴　湯田晋也
発行人：小林大作
発行所：日本工業出版株式会社
本社〒113-8610　東京都文京区本駒込6-3-26
TEL 03-3944-1181　FAX 03-3944-6826
大阪〒541-0046　大阪市中央区平野町1-6-8
TEL06-6202-8218　FAX06-6202-8287

振替　00110-6-14874

■乱丁本はお取り替えします。

ISBN978-4-8190-2808-0　C3050　¥2500E